# 水利工程施工技术应用及质量管理研究

梁红凯 著

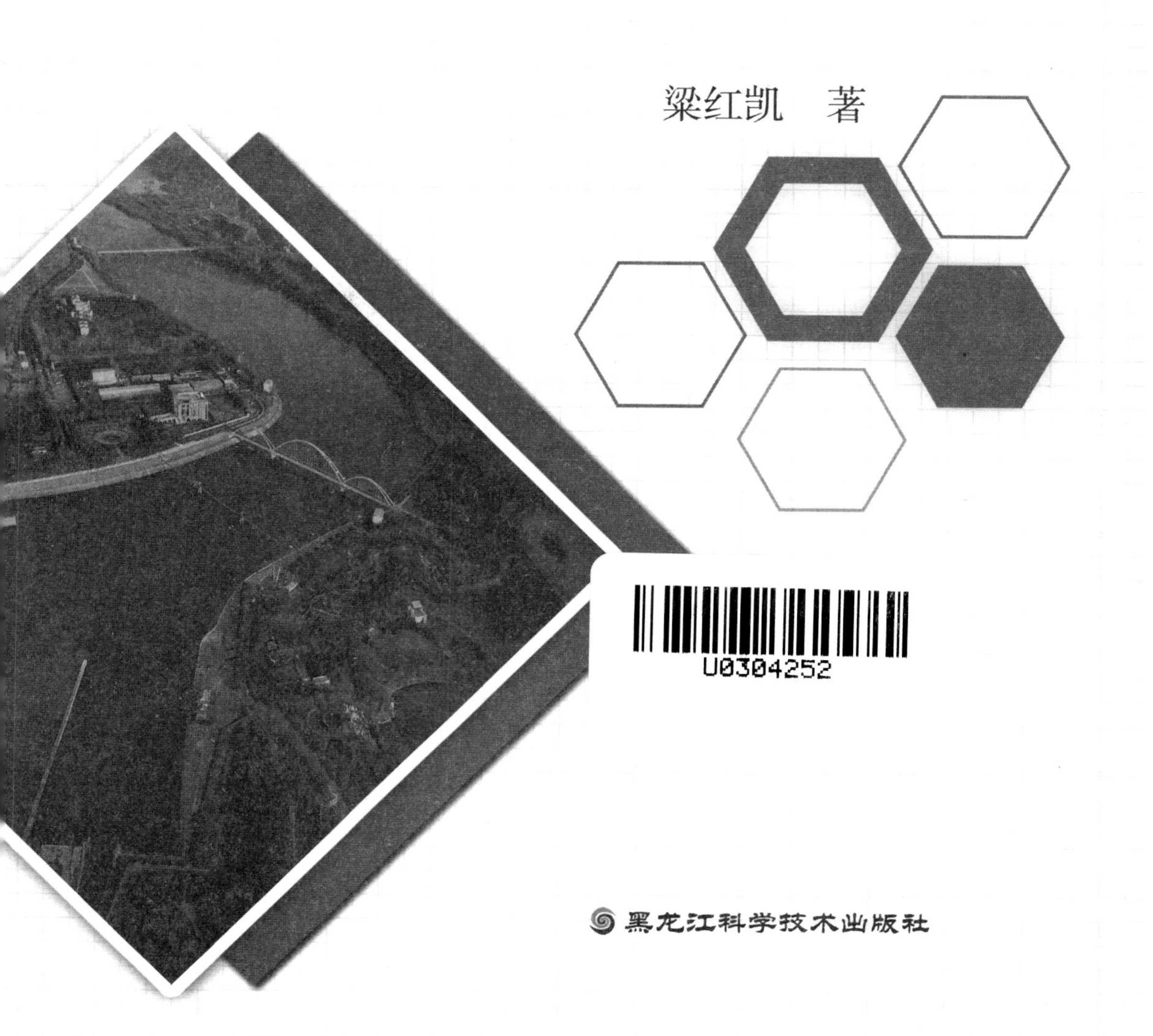



黑龙江科学技术出版社

图书在版编目（CIP）数据

水利工程施工技术应用及质量管理研究 / 梁红凯著
. -- 哈尔滨 : 黑龙江科学技术出版社 , 2022.7（2023.1 重印）
ISBN 978-7-5719-1467-7

Ⅰ . ①水… Ⅱ . ①梁… Ⅲ . ①水利工程—工程施工—工程质量—质量管理—研究 Ⅳ . ① TV512

中国版本图书馆 CIP 数据核字 (2022) 第 103765 号

**水利工程施工技术应用及质量管理研究**
SHUILI GONGCHENG SHIGONG JISHU YINGYONG JI ZHILIANG GUANLI YANJIU

---

**作　　者**　梁红凯
**责任编辑**　陈元长
**封面设计**　刘梦杳
**出　　版**　黑龙江科学技术出版社
地址：哈尔滨市南岗区公安街 70–2 号　邮编：150007
电话：（0451）53642106　传真：（0451）53642143
网址：www.lkcbs.cn
**发　　行**　全国新华书店
**印　　刷**　三河市元兴印务有限公司
**开　　本**　710mm × 1000mm　1/16
**印　　张**　8.5
**字　　数**　126 千字
**版　　次**　2022 年 7 月第 1 版
**印　　次**　2023 年 1 月第 2 次印刷
**书　　号**　ISBN 978-7-5719-1467-7
**定　　价**　60.00 元

# 前　言

水利工程施工是按照设计师提出的工程结构、数量、质量及环境保护等要求，研究从技术、工艺、材料、装备、组织和管理等方面采取的相应施工方法和技术措施，以确保工程建设质量，经济、快速地实现设计要求的一门独立学科。本书结合作者多年施工经验编写而成，在写作过程中，联系当前水利工程施工的实际情况，采用新规范、新标准，并适当反映目前国内外先进施工技术、施工机械的应用。

本书先介绍了水利工程枢纽及建筑物的基本知识，然后重点阐述了施工降排水、土石坝施工技术及施工质量管理，以适应水利工程施工技术及质量管理的发展现状和趋势。

本书分为四章，包括水利枢纽与水工建筑物、施工导流与降排水、土石坝、水利工程施工项目质量管理研究。

本书特点主要有以下三个方面。

首先，本书具有实用性。本书在研究水利工程项目组织与管理的过程中，对目前我国水利工程项目施工过程中可能出现的质量管理问题进行了研究，为水利工程施工项目的实际工作提供了指导。

其次，本书具有针对性。本书主要针对相关专业的从业人员和读者，旨在为他们提供技术和理论上的借鉴。

最后，本书阐述的知识通俗化、简单化、实用化和专业化，叙述详尽，通俗易懂。

本书突出了基本概念与基本原理，在写作时，作者尝试多方面知识的融会贯通，注重知识层次的递进，同时注重理论与实践的结合。

由于作者水平所限及成书时间仓促，书中难免有疏漏、错误之处，恳请读者批评指正。

# 目　录

# 第一章　水利枢纽与水工建筑物

## 第一节　水利枢纽及其等别

### 一、水利枢纽的作用、类型和标准

#### （一）水利枢纽的作用

为了综合利用水资源，达到防洪、灌溉、发电、供水、航运等目的，需要修建几种不同类型的建筑物，以控制和支配水流，满足国民经济发展的需要，这些建筑物统称为水工建筑物，组合在一起协同工作的建筑物群称为水利枢纽。

水利枢纽有不同的修建目的，其作用也不同，依据修建的目的分以下三种：①水力发电枢纽的作用是集中河流的落差，将水的势能转化为动能，通过水轮发电机转化为电能；②水运枢纽的作用是抬高河流的水位，增加航道的水深，减小河道的流速，以改善内河航运条件；③引水枢纽的作用是从河流中引出具有一定水位和足够流量的水流，以满足工农业用水的需要。

水利枢纽的作用可以是单目标的，实际上根据河流综合利用原则，一般是多目标的，但有主次之分，如淮河上的南湾水库、薄山水库等，以防洪为主，结合灌溉与发电功能。

#### （二）水利枢纽的类型

水利枢纽依据作用水头的高低可以分为蓄水枢纽和引水枢纽两种类型。

1. 蓄水枢纽

蓄水枢纽多修建在山区峡谷的河流上，形成水库，蓄河流丰水时期多余水量以满足枯水时期工农业用水的需求。蓄水枢纽必须具有三个基本建筑物:

①挡水建筑物——各种拦河坝；②泄水建筑物——溢洪道及泄水隧洞等；③引水建筑物——水电站进水口或输水隧洞等。此外，还有一些附属水工建筑物，如水电站厂房，通航、过木、过鱼建筑物，等等。这类枢纽一般修建在河流上游的高山峡谷之中，通常可形成具有一定调节能力的水库。当枢纽兼有防洪、发电和通航等多项综合任务时，尤其是在洪峰高、装机规模大、过船吨位大的情况下，枢纽布置必须妥善处理好泄洪、发电、导流和通航等建筑物之间的相互关系，以免互相干扰。

修建水库可以保证农业灌溉、工业和城市供水、水力发电的需要，而且可以减少下游的洪水灾害，达到综合利用的目的。

2. 引水枢纽

引水枢纽多建于平原河流上，枢纽中有较低的壅水坝或水闸、水电站厂房、通航和引水等建筑物。一般位于河床坡度平缓、河谷宽阔的河段上，其主要建筑物是拦河闸（坝），由于其上下游水头差不大，称作中低水头水利枢纽。由于地形开阔，引水枢纽通常是将挡水建筑物、过坝建筑物、泄水建筑物和水电站厂房一字摆开。枢纽布置的关键是妥善处理好泄洪、消能及防淤排沙问题。

（1）无坝引水枢纽。无坝引水是指从河流中自流引水，是最简单、最常用的方法，一般用于河道比较开阔、流量较大的平原河流。该引水枢纽的水工建筑物有进水闸、冲沙闸、沉沙池及上下游整治建筑物等。

无坝引水枢纽的优点是工程简单、投资少、施工容易、工期短及收效快，而且不影响航运、发电及渔业，对河床演变影响小。缺点：受河道的水位变化影响大，枯水期引水保证率低；当多泥沙河流引水时，还会引入大量的泥沙，使渠道发生淤积现象，影响渠道正常工作；当河床变迁时，一旦主流脱离引水口，就会导致引水不畅，甚至引水口被泥沙淤塞而报废。

（2）有坝引水枢纽。当河流枯水位较低不能满足引水要求时，可筑坝（闸）抬高水位以便引水。该引水枢纽由进水闸、抬高水位和宣泄洪水的拦河坝（闸）及冲刷淤积于进水闸前泥沙的冲沙闸三部分组成。

有坝引水枢纽的优点是引水保证率高，而且引水不受限制。缺点是工程量大，造价高，且破坏了天然河道的自然状态，改变了水流、泥沙运动的规律，尤其是在多泥沙河流上，会引起渠首附近上下游河道的变形，影响渠首的正常运行。

### （三）水利水电枢纽的标准

洪水泛滥造成的洪灾是自然灾害中最严重的一种，它给城市、乡村、工矿企业、交通运输、水利水电工程、动力设施、通信设施、文物古迹及旅游设施等带来巨大的损失。为保证防护对象的防洪安全，需投入资金进行防洪工程建设和维持其正常运行。防洪标准高，工程规模及投资运行费用大，工程风险就小，防洪效益大；相反，防洪标准低，工程规模小，工程投资少，所承担的风险就大，防洪效益小。因此，选定防洪标准的原则在很大程度上是如何处理好防洪安全和经济的关系，应经过认真分析论证，考虑安全和经济的统一。

为了贯彻执行国家的经济和技术政策，达到既安全又经济的目的，应把水利水电枢纽工程按其规模、效益及其在国民经济中的重要性分等别。综合利用的水利水电枢纽工程，当按其各项用途分别确定的等别不同时，应按其中的最高等别确定整个工程的等别。

不同等别的枢纽工程，其所属建筑物的设计、施工标准亦不同，以达到既安全又经济的目的。由于水工建筑物工程量大，设计和施工标准稍有差异，所需的劳力、投资和设备就会有很大的增减变化。设计标准偏高，势必造成大量浪费，标准偏低又可能对安全不利。

## 二、蓄水枢纽

### （一）水库的作用

我国河川径流的特性是在年内和年际的分配都很不均匀。汛期或丰水期，水量丰沛，一般超过用水量，甚至造成洪涝灾害；而枯水期或枯水年的水量，往往又不够用。例如，华北地区河流在春季作物需水灌溉时，正是枯水季节，河流水量不能满足灌溉需要，但当夏季洪水出现时，又会淹没农田，危害农作物。显然，河流的天然来水同人类的生产、生活用水要求存在矛盾，而建造水库调节来水和用水之间的矛盾是一种普遍的、有效的工程措施。通过拦河筑坝，在坝上游形成水库，将洪水季节的余水蓄存起来，以补枯水季节的不足。

按照工农业生产的需要，用人工方法重新分配河流天然径流，称为河川径流调节。径流调节按照调节期的长短可分为年调节（将一年内的天然径流加以重新分配）和多年调节（将丰、枯水年之间的天然径流加以重新分配）。进行年调节或多年调节的水库称为年调节或多年调节水库。

### （二）水库特性曲线

水库的水面高程称为库水位，库水位以下的蓄水容积称为库容。理论推测，坝筑得越高，库容就越大。但在不同的河流上，即使坝高相同，其库容一般不相同，这主要与库区内的地形及河流的比降等特性有关。如库区内地形开阔，则库容较大；如为一峡谷，则库容较小。河流比降小，库容就大；河流比降大，库容就小。根据库区河谷形状，水库有河道型和湖泊型两种。

对于一座水库来说，水位越高则水库面积越大，库容越大。不同水位有相应的水库面积和库容，对径流调节有直接影响。因此，在设计时，必须先做出水库水位—面积及水库水位—库容关系曲线，这两者是最主要的水库特性资料。

为绘制水库水位—面积及水库水位—库容关系曲线，一般可根据1/10 000 ～ 1/5 000比例尺的地形图，用求积仪或数方格等方法，求得不同高程（高程的间隔可用1 ～ 2 m或5 m）时水库的面积和容积。然后以水库水位为纵坐标，水库面积和容积为横坐标，绘制水库水位—面积关系曲线和水库水位—库容关系曲线。水库面积特性曲线是研究水库库容、淹没范围和计算水库蒸发损失的依据。

### （三）水库特征水位和库容

水库的总库容可分为死库容、兴利库容和防洪库容三部分，由各种水库特征水位划分。水库的特征水位和库容各有其特定的任务和作用，体现水库利用和正常工作的各种特定要求。它们也是规划设计阶段确定主要水工建筑物的尺寸（如坝高和溢洪道大小），估算工程投资、效益的基本依据。

1. 死水位

水库建成后，并不是全部库容都可用来进行径流调节的。泥沙的沉积迟早会将部分库容淤填，自流灌溉、发电、航运、渔业及旅游等用水部门，也要求水库水位不能低于某一高程。死水位是指在正常运用情况下，允许水库降低的最低水位。死水位以下的库容称为死库容。水库正常运行时的水位一般不低于死水位，除非特殊干旱年份或其他特殊情况，如战备要求、地震等，为保证紧要用水、安全等要求，经慎重研究，才允许临时动用死库容部分存水。

确定死水位所应考虑的主要因素如下。

（1）保证水库有足够的、发挥正常效用的使用年限（俗称“水库寿命”）。主要考虑留部分库容以备泥沙淤积的需要。

（2）保证水电站所需要的最低水头和自流灌溉必要的引水高程。水电站水轮机的选择，都有一个允许的水头变化范围，其取水口的高程也要求库水位始终保持在某一高程以上。自流灌溉要求库水位不低于灌区地面高程加上引水水头损失值。死水位越高，则自流灌溉的控制面积越大，在抽水灌溉时，也可使抽水的扬程减小。

（3）库区航运和渔业的要求。当水库回水尾端有浅滩，影响库尾水体的流速和航道尺寸，或库区有港口时，为维持最小航深，均要求死水位不能低于上述相应的水位。水库的建造为发展渔业提供了优良的条件，因此死库容的大小必须要求水库水位降到最低时，尚有足够的水面面积和水库容积，以维持鱼群生存的需要。对于北方地区的水库，因冬季有冰冻现象，尚应考虑在死水位冰层以下仍能保留足够的容积供鱼群栖息。

水库在供水期末可以放空到死水位，以便充分利用水库库容和河川来水，而死水位以下则应视为运行禁区。但在过去一段时期里，不少地区因供水、供电紧张，常强制水库不断泄放死库容中的存水，致使水库长期处于低水位的不正常状态。这种“死水位不死”的不合理调度，不仅大大降低了水资源利用的效率，导致恶性循环，而且使机组设备的损坏加剧。

2. 正常蓄水位

在正常运行条件下，为了满足兴利部门枯水期的正常用水，水库在供水开始时应蓄到的最高水位，称为正常蓄水位，又称正常高水位。正常蓄水位到死水位之间的库容，是水库实际可用于径流调节的库容，称为兴利库容。正常蓄水位与死水位之间的深度，称为消落深度，又称工作深度。

溢洪道无闸门时，正常蓄水位就是溢洪道堰顶的高程；溢洪道有闸门时，多数情况下正常蓄水位也就是闸门关闭时的门顶高程。

正常蓄水位是水库重要的特征水位之一，因为它直接关系到一些主要水工建筑物的大小、规模、投资、淹没、综合利用效益及其他工作指标，大坝的强度和稳定性计算、结构设计也主要以它为依据。

大中型水库正常蓄水位的选择是一个重要问题，往往涉及技术、经济、政治、社会环境影响等方面，需要全面考虑、综合分析后确定，原则上要考虑以下四点。

（1）考虑兴利的实际需要。从水库要负担的综合利用任务和对天然来水的调节程度要求，以及可能投资的多少等方面来考虑水库规模和正常蓄水位的高低。

（2）考虑淹没和浸没情况。如果库区的重要城镇、工矿企业、重要交通线路、大片耕地、名胜古迹等被淹没，使水库淹没损失过大或安置移民困难较大时，则必须限制正常蓄水位。

（3）考虑坝址及库区的地形、地质条件。例如，坝基及两岸地基的承载能力、库区周边的地形地貌、岩体结构和分水岭的高程等。当库水位达某一高程后，地形可能突然开阔或坝肩出现堤口等，使大坝工程量明显增大而不经济，或可能引起水库大量渗漏而限制库水位的抬高。

（4）考虑河段上下游已建和拟建水库枢纽情况。主要是梯级水库水头的合理衔接问题，以及不影响已建工程的效益等。

正常蓄水位是一个重要的设计数据。因此，在水库建成运行时，必须严格遵守设计规定，才能保证工程效能的正常发挥，满足对用户正常供水、供电的需要。有些水库一度出现“正常蓄水位不正常”的现象，或任意超高蓄水，加重淹没，或水库多年达不到正常蓄水位设计要求，这些都是不符合水库管理规定的。

3. 防洪限制水位

水库在汛期允许兴利蓄水的上限水位，称为防洪限制水位，又称为汛期限制水位。兴建水库后，为了汛期安全泄洪和减少泄洪设备，常要求一部分库容用于拦蓄洪水和削减洪峰。这个水位以上的库容就是用来滞蓄洪水的库容。只有在出现洪水时，水库水位才允许超过防洪限制水位，当洪水消退时，水库水位应回降到防洪限制水位。

在我国，防洪限制水位是个很重要的参数，它比死水位更重要，涉及的面更广，如库尾淹没问题就常取决于这个水位的高程。防洪限制水位可根据洪水特性、防洪要求和水文预报条件，在汛期不同时段分期拟定。例如，按主汛期、非主汛期，或按分期设计洪水，分别拟定不同的防洪限制水位。防洪限制水位应尽可能定在正常蓄水位以下，以减少专门的防洪库容，特别是当水库溢洪道设有闸门时，一般闸门顶高程与正常蓄水位齐平，而防洪限制水位就常定在正常蓄水位之下。防洪限制水位与正常蓄水位之间的库容，称为结合库容，又称共用库容或重叠库容，因为它在汛期是防洪库容的一部分，在汛后又是兴利库容的一部分。

4. 防洪高水位

当水库下游有防洪要求，遇到下游防护对象的设计标准洪水时，经水库调洪后在坝前达到的最高水位，称为防洪高水位。防洪高水位与防洪限制水位之间的水库容积称为防洪库容。

5. 设计洪水位

当遇到大坝设计标准洪水时，经水库调洪，在坝前达到的最高水位，称为设计洪水位。设计洪水位与防洪限制水位之间的水库容积称为拦洪库容。

设计洪水位是水库的重要参数之一，它决定了设计洪水情况下的上游洪水淹没范围，同时又与泄洪建筑物的规模大小有关，而泄洪方式（包括溢流堰、泄洪孔、泄洪隧洞）的选择，则应根据工程的枢纽布置特点、地形地质条件和坝型等因素拟定，并应注意以下四点。

（1）如拦河坝为不允许溢流的土坝、堆石坝等当地材料坝，则除有专门论证，应设置开敞式溢洪道。

（2）为增加水库运用的灵活性，尤其是有下游防洪任务的水库，一般均宜设置部分泄洪底孔和中孔。泄洪底孔要尽可能与排沙、放空底孔相结合。

（3）泄洪方式的选择，应考虑经济性和技术可靠性。当在河床布置有困难时，可研究在河岸布置部分旁侧溢洪道和泄洪隧洞。

（4）泄洪闸门类型和启闭设备的选择，应满足洪水调度等方面的要求。

6. 校核洪水位

当遇到大坝校核标准洪水时，经水库调洪后，在坝前达到的最高水位，称为校核洪水位。校核洪水位与防洪限制水位间的水库容积称为调洪库容。

校核洪水位（或正常蓄水位）以下的全部水库容积就是水库的总库容。校核洪水位（或正常蓄水位）至死水位之间的库容称为有效库容。总库容是水库最主要的一个指标。在规划、设计水库时，上述的各特征水位按设计指标均已拟定。但水库运用后，由于积累的经验和水文资料逐年增加，设计洪水值必然发生改变，从而影响调洪库容；由于兴利用水计划也在逐年改变，兴利库容也有变化。因此，要根据实际情况，对各特征水位做必要的修正。

### （四）水库对周围环境的影响

1. 水库对上游的影响

（1）淹没与移民。每座水库都要在不同程度上淹没一部分土地、迁移一些库区居民，国家要安排好迁移居民的生活。但淹没区如有重要矿产、城镇、工业设施或有保护价值的古迹，就要研究水位的标准是否合适。

按淹没情况不同，淹没区可分为永久淹没区和临时淹没区。一般设计蓄水位以下的区域叫永久淹没区，以上至校核洪水位叫临时淹没区。永久淹没区的居民、生产企业等必须迁移，而在临时淹没区则应采取一定的防洪措施。这样，可以考虑分期、分批地迁移居民和生产企业。也可以将临时淹没区改种小麦，在洪水来之前收割。

（2）地下水。水库蓄水以后，上游地下水位随之上升，为上游利用地下水灌溉创造了有利的条件，但也可能带来下列影响：①地下水位的上升，可能引起耕地的盐碱化，导致农作物减产甚至土地荒废；②房屋地基被地下水浸润，可能发生下陷，使房屋倒塌；③地下水露出使地表洼地成为沼泽，易造成农田渍害，滋生蚊虫。针对这些情况，需要对设计方案进行综合优化论证。

（3）岸坡坍塌。水库蓄水以后，库区周边由于浸润，加上风浪、冰凌的撞击和沿岸水流的冲刷，土质岸坡可能坍塌，有的水库岸坡坍塌宽度达数十米。这不但增加了水库的淤积，也威胁了岸坡附近的生产企业和居民点的安全。一般土质的岸坡坍塌以后，岸坡变缓，可逐渐趋向稳定。

（4）水库淤积。挟带泥沙的水流进入水库后，流速减小，挟沙能力减弱，泥沙颗粒由粗到细逐渐下沉，形成淤积。泥沙淤积将带来以下后果：①库容损失，效益降低。大量的泥沙不仅淤积在死库容内，有时也侵占兴利库容，使水库的效益大大降低。②淤积上延，水库“翘尾巴”。泥沙淤积有时上延超过水库的回水末端，这种现象称为“翘尾巴”，会引起水库水位抬高，回水相应延长，扩大淹没范围。③淤积航道，影响航运。水库泥沙淤积于通航建筑物上下游引航道或回水变动库段航道内，影响航运。④进水口堵塞，过流部件磨损。水库淤积发展到一定程度，洪水带来的大量泥沙和水草在坝前造成进水口堵塞，泥沙使水轮机、金属闸门等过流部件严重磨损。

2. 水库对下游的影响

（1）下游滩地的改善。水库控制了径流，使下游河流的洪涝灾害大为减轻，促使农业增产。另外，一些常受洪涝灾害的河滩地、沼泽地也会变成高产的农田。例如，丹江口水利枢纽修建后，虽然淹没了大片土地，但也使下游增加了一些新的可耕地。这种现象在修建大型水库时更为显著。

（2）下游河床的变形。由于水库对来水中的泥沙有澄清作用，水库下泄水流几乎不含泥沙或很少含泥沙。这样的清水有很强的冲刷能力，所以坝下游很长一段河道会受到强烈的冲刷，造成水位下降。下游水位下降可能引起以下后果：①河水位下降，附近地区的地下水位随之下降，土地干燥，甚至水井干涸，取水困难；②原来的护岸工程及桥梁基础受到淘刷，影响临河建筑物的安全；③原来的下游引水工程，由于水头降低，流量减少，不能取得足够的水量；④水库水电站的尾水位降低，可能引起水轮机的汽蚀。有的下游河道，即使无通航要求，也不应该使之干涸，要维持鱼类生存和保证饮用的供水水源，需保持一定的地下水水位。在必要时，水库应放出一定的水量，维持生态平衡。

（3）下游流量的变化。水电站一般都负担电网峰荷，所以流量经常变化，以致下游暴涨暴落，严重时会影响下游的通航条件。

## 三、水利枢纽的分等

表 1-1 中总库容是指校核洪水位以下的水库库容，灌溉面积等均指设计面积。对于综合利用的工程，如按表中指标分属几个不同等别，整个枢纽的等别应以其中最高等别为准。挡潮工程的等别可参照防洪工程的规定，在潮灾特别严重的地区，其工程等别可适当提高。供水工程的重要性，应根据城市及工矿区和生活区的供水规模、经济效益和社会效益分析决定。分等指标中有关防洪、灌溉的两项是指防洪或灌溉工程系统中的重要骨干工程。

**表 1-1　水利水电工程分等指标**

| 工程等别 | 工程规模 | 分等指标 | | | | |
|---|---|---|---|---|---|---|
| | | 水库总库容 / $10^8\ m^3$ | 防洪 | | 灌溉面积 / $10^4$ 亩 | 水电站装机容量 /MW② |
| | | | 保护城镇及工矿区 | 保护农田面积 /$10^4$ 亩① | | |
| Ⅰ | 大（1）型 | ≥ 10 | 特别重要城市、工矿区 | ≥ 500 | ≥ 150 | ≥ 1 200 |
| Ⅱ | 大（2）型 | ＜ 10，≥ 1.0 | 重要城市、工矿区 | ＜ 500，≥ 100 | ＜ 150，≥ 50 | ＜ 1 200，≥ 300 |
| Ⅲ | 中型 | ＜ 1.0，≥ 0.10 | 中等城市、工矿区 | ＜ 100，≥ 30 | ＜ 50，≥ 5 | ＜ 300，≥ 50 |
| Ⅳ | 小（1）型 | ＜ 0.1，≥ 0.01 | 一般城镇、工矿区 | ＜ 30，≥ 5 | ＜ 5，≥ 0.5 | ＜ 50，≥ 10 |
| Ⅴ | 小（2）型 | ＜ 0.01，≥ 0.001 | | ＜ 5 | ＜ 0.5 | ＜ 10 |

注：① 1 亩 =666.667 $m^2$

② 1 MW=$1\times10^6$ W

# 第二节　水工建筑物及其级别

## 一、水工建筑物的分类

### （一）按建筑物用途划分

水工建筑物按其用途可分为一般性建筑物与专门性建筑物。为多项水利事业部门服务的水工建筑物称为一般性建筑物，仅为一个水利事业部门服务的水工建筑物称为专门性建筑物。

（1）挡水建筑物用以拦截江河，形成水库或壅高水位，如各种闸坝类建筑物，以及为抗御洪水或挡潮而沿江河、海岸修建的堤防、海塘等。

（2）泄水建筑物用以在各种情况下，特别是在洪水期宣泄多余的入库水量和河道水量，确保大坝和其他建筑物的安全，如溢流坝、溢洪道、泄洪洞、泄洪闸等。

（3）输水建筑物是为满足灌溉、发电和供水的需要从上游向下游输水用的建筑物，如输水洞、引水管、渠道、渡槽等。

（4）取水建筑物布置在输水建筑物的首部，如进水闸、扬水站等。

（5）整治建筑物是用以整治河道、改善河道的水流条件的建筑物，如丁坝、顺坝、导流堤、护岸等。

（6）专门建筑物是专门为灌溉、发电、供水、过坝需要而修建的建筑物，如水电站厂房、沉沙池、船闸、升船机、鱼道、筏道等。

### （二）按建筑物使用时间划分

水工建筑物按使用的时间长短分为永久性建筑物和临时性建筑物两类。

（1）永久性建筑物。永久性建筑物在运用期长期使用，根据其在整体工程中的重要性又分为主要建筑物和次要建筑物。主要建筑物是该建筑物失事后将造成下游灾害或严重影响工程效益的建筑物，如闸、坝、泄水建筑物、输水建筑物及水电站厂房等；次要建筑物是失事后不造成下游灾害和对工程效益影响不大且易于检修的建筑物，如挡土墙、导流墙、工作桥及护岸等。

（2）临时性建筑物。临时性建筑物仅在工程施工期间使用，如围堰、浮桥、导流建筑物等。

有些水工建筑物在枢纽中的作用并不是单一的，如溢流坝既能挡水又能泄水，水闸既可挡水又能泄水，还可取水。

## 二、水工建筑物的特点

水工建筑物与其他土木工程建筑物相比，除了工程量大、投资多、工期较长，还具有以下三个方面的特点。

### （一）工作条件复杂

水的作用形成水工建筑物特殊的工作条件。挡水建筑物蓄水以后，除承受一般的水压力、浪压力、地震力等水平推力，还承受很大的冰压力、地震动水压力等水平推力，对建筑物的稳定性影响极大。水工建筑物和地基的渗流对建筑物和地基产生渗透压力，还可能产生侵蚀和渗透破坏。当水流通过水工建筑物下泄时，高速水流可能引起建筑物的空蚀、振动及对下游河床和两岸的冲刷。对于特殊的地质条件，水库蓄水后可能诱发地震，进一步恶化建筑物的工作条件。

水工建筑物因其本身结构问题而损坏的比较少，因地质问题而发生事故的却屡见不鲜。因为水工建筑物的自身重量很大，基础又在水下浸泡，发生问题后难以观察处理，所以其对地质条件要求较高。只有充分了解地质条件后，才能选择合理的建筑物形式和正确的地基处理措施。

### （二）施工条件复杂

水工建筑物的兴建条件复杂。①需要解决好施工导流问题，要求在施工期间，在保证建筑物安全的前提下，河水应能顺利下泄，应满足必要的通航、过木等要求，这是水利工程设计和施工中的一个重要课题。②工程进度紧迫，工期较长。截流、度汛需要抢时间、争进度，否则会导致工期拖延。③施工技术复杂。水工建筑物的施工受气候、环境影响较大，如大体积混凝土的温度控制和复杂的地基难以处理，填土工程要求最优的含水量和一定的压实度，雨季施工有很大的困难。④地下、水下工程多，排水施工难度比较大。⑤施工场地狭小，交通运输比较困难，高山峡谷地区此问题更为突出。

### （三）对国民经济的影响巨大

水利枢纽工程和单项的水工建筑物可以承担防洪、灌溉、发电、航运等任务，同时又可以绿化环境，改良土壤和植被，发展旅游，甚至建成优美的城市。但是，如果处理不当也可能产生不利的影响。例如：水库蓄水越多，则效益越高，淹没损失也越大，不仅导致大量移民和建筑物搬迁，还可能引起库区周围地下水位的变化，直接影响工农业生产，甚至影响生态平衡，造成环境恶化；库尾的泥沙淤积，可能会使航道变浅；堤坝等挡水建筑物万一失事或决口，会给下游人民的生命财产和国民经济带来灾难性的损失。

## 三、水工建筑物的级别划分

水利枢纽用工程等别划分，建筑物按级别划分。水利枢纽中的不同建筑物通常按其所属工程的等别和重要性进行建筑物级别划分，级别高的建筑物对设计及施工的要求也高，级别低的建筑物则可以适当降低要求。单项用途的永久性水工建筑物，应根据其用途相应的等别和其本身的重要性按表 1-2 确定级别；多用途的水工建筑物，应根据其相应的等别中最高者和其本身的重要性按表 1-2 确定级别。

失事后损失巨大或影响十分严重的水利水电枢纽工程，经论证并报主管部门批准，其 2 ～ 4 级主要水工建筑物可提高一级设计，并可按提高后的级别确定洪水标准；失事后损失不大的水利水电枢纽工程，经论证并报主管部门批准，其 2 ～ 4 级主要水工建筑物可降低一级设计，并按降低后的级别确定洪水标准。水利水电枢纽工程挡水建筑物高度超过表 1-3 数值者，2、3 级建筑物可提高一级设计，但洪水标准可不提高。

表 1-2　水利水电工程永久性水工建筑物级别

| 工程等别 | 主要建筑物 | 次要建筑物 |
| --- | --- | --- |
| Ⅰ | 1 | 3 |
| Ⅱ | 2 | 3 |
| Ⅲ | 3 | 4 |
| Ⅳ | 4 | 5 |
| Ⅴ | 5 | 5 |

表 1-3　水利水电工程挡水建筑物提级指标

| 坝型 | 坝的原级别 | |
| --- | --- | --- |
| | 2 | 3 |
| | 坝高 / m | |
| 土石坝 | 90 | 70 |
| 混凝土坝、浆砌石坝 | 130 | 100 |

## 四、水电站与泵站

### （一）水电站

1. 水电站的概念

水电站是将水能转换为电能的综合工程设施，一般包括由挡水、泄水建筑物形成的水库和水电站引水系统，发电厂房，机电设备，等等。水电站运行时，会受到不同河流之间补偿调节的影响，要使水电站正常运行，需注意水电站的检修。

2. 水电站的工作原理

水库的高水位水经引水系统流入厂房推动水轮发电机组发出电能，再经升压变压器、开关站和输电线路输入电网。水的落差在重力作用下形成动能，从河流或水库等高位水源处向低位处引水，利用水的压力或者流速冲击水轮机，使之旋转，从而将水能转化为机械能，然后再由水轮机带动发电机旋转，切割磁力线产生交流电。而低位水通过吸收阳光进行水循环分布在地球各处，从而恢复高位水源。

3. 水电站的分类

水电站按利用的能量形式可分为：利用河流、湖泊水能的常规水电站；利用电力负荷低谷时的电能抽水至上水库，待电力负荷高峰期再放水至下水库发电的抽水蓄能电站；利用海洋潮汐能发电的潮汐电站；利用海洋波浪能发电的波浪能电站。

水电站按对天然径流的调节方式分为：没有水库或水库很小的径流式水电站；水库有一定调节能力的蓄水式水电站。

水电站按调节周期分为多年调节水电站、年调节水电站、周调节水电站和日调节水电站。年调节水电站是指将一年中丰水期的水贮存起来供枯水期发电用，其余调节周期的水电站含义以此类推。

水电站按发电水头高度分为高水头水电站、中水头水电站和低水头水电站。世界各国对此无统一规定，中国称水头在 70 m 以上的水电站为高水头水电站，水头为 30 ～ 70 m 的水电站为中水头水电站，水头在 30 m 以下的水电站为低水头水电站。

水电站按装机容量分为大型水电站、中型水电站和小型水电站。《水利水电工程等级划分及洪水标准》（SL 252—2017）规定：装机容量大于 1 200 MW 为大（1）型水电站；1 200 ～ 300 MW 为大（2）型水电站；300 ～ 50 MW 为中型水电站；50 ～ 10 MW 为小（1）型水电站；小于 10 MW 为小（2）型水电站。

水电站按发电水头的形成方式分为以坝集中水头的坝式水电站、以引水系统集中水头的引水式水电站，以及由坝和引水系统共同集中水头的混合式水电站。

## （二）泵站

1. 泵站工程概述

泵站是机电排灌中的一部分。泵站的任务是利用动力机带动水泵或提水机具提水，通过沟渠对农田进行灌溉和排除涝水，或通过管道为工业和城乡生活提供水。

泵站有多种分类方法。按照其工程用途，可分为为农业服务的灌溉泵站、排水泵站、排灌结合泵站，还有市政工程的给排水泵站等；按照其扬程高低，可分为高扬程泵站、中扬程泵站和低扬程泵站；按照其规模大小，可分为大型泵站、中型泵站和小型泵站；按照操作条件及方式，可分为人工手动控制泵站、半自动化泵站、全自动化泵站和遥控泵站等；按照水泵机组设置的位置与地面的相对标高关系，可分为地面式泵站、地下式泵站和半地下式泵站。

小型低扬程泵站主要分布在平原河网、圩垸等多水源地区，如长江三角洲、珠江三角洲等。由于这类地区地势平坦，土地肥沃，水源密布，水源水位变幅很小，故以低扬程、小流量为特点的小型泵站星罗棋布，形成大面积泵站群。这类泵站不仅投资小，效益高，而且在非灌溉季节还可以利用站内动力设备进行农副产品加工和解决农村照明用电问题等。中型排灌泵站主要分布在丘陵地区和圩垸地区，有些泵站起单纯排水或单纯灌溉的作用，有些泵站则兼顾灌溉和排水的双重功能，它们大多属于中等规模的泵站，类型比较多。大型排水泵站主要分布在湖北、安徽、江苏、湖南等省的沿江滨湖低洼地区，其特点是流量大、扬程低、自动化程度高。高扬程泵站主要分布在陕西、甘肃、山西、宁夏等省（自治区）的高原地区，其主要特点是扬程高、梯级多、工程巨大。

2. 泵站等级划分

泵站的规模应根据流域或地区规划所规定的任务，以近期目标为主，并考虑远景发展要求，综合分析确定。

对工业、城镇供水泵站等别的划分，应根据供水对象、供水规模和重要性确定。

直接挡洪的堤身式泵站，其等别应不低于防洪堤的工程等别。

泵站建筑物应根据泵站所属等别及其在泵站中的作用和重要性分级，其级别应按表 1-4 确定。

表 1-4 泵站建筑物级别划分

| 泵站等别 | 永久性建筑物级别 | | 临时性建筑物级别 |
|---|---|---|---|
| | 主要建筑物 | 次要建筑物 | |
| Ⅰ | 1 | 3 | 4 |
| Ⅱ | 2 | 3 | 4 |
| Ⅲ | 3 | 4 | 5 |
| Ⅳ | 4 | 5 | 5 |
| Ⅴ | 5 | 5 | — |

永久性建筑物系指泵站运行期间使用的建筑物，根据重要性分为主要建筑物和次要建筑物。主要建筑物系指失事后造成灾害或严重影响泵站使用的建筑物，如泵房，进水闸，引渠，进、出水池，出水管道和变电设施，等等；次要建筑物系指失事后不造成灾害或对泵站使用影响不大并易于修复的建筑物，如挡土墙、导水墙和护岸等。

临时性建筑物系指泵站施工期间使用的建筑物，如导流建筑物、施工围堰等。

位置特别重要的泵站，其主要建筑物失事后将造成重大损失。站址地质条件特别复杂，或采用实践经验较少的新型结构者，经过论证后可提高其级别。

# 第三节 挡水建筑物

## 一、重力坝

### （一）重力坝的基本特点

在水利水电工程建设领域，混凝土重力坝是一种最广泛采用的形式，至今仍在高坝枢纽中占有显著优势。

1. 混凝土重力坝的特点

混凝土重力坝的特点可概括为以下八个方面。

（1）坝体材料抗冲性能好，泄洪和施工导流问题容易解决。可采用从坝顶溢流或在坝身开设泄水孔的方式泄洪，可通过较低的坝块、底孔和预留的底孔导流。

（2）断面形状简单，结构作用明确，施工方便，安全可靠。混凝土重力坝设有垂直坝轴线方向的横缝，从而可将坝体分为若干个独立的坝段，各坝段独立工作、受力明确。

（3）适合在各种气候条件下修建。在冬季，当温度低于 -3 ℃时，混凝土中的水会结冰，需采用加热、保温、防冻措施等。在夏季，当温度高于 30 ℃时，需采用低热水泥、低温水并应加冰屑预冷骨料，另外还要掺外加剂以延长初凝时间。

（4）对地基的要求比拱坝低，但比土石坝高。

（5）有丰富的建设设计经验；工作可靠，使用年限长；施工放样、扩建、维护简单；便于机械化施工，可采用定型模板以利重复使用。

（6）坝体工程量较大，边缘应力是控制条件，故内部应力较小，材料的强度不能得到充分发挥。

（7）水泥用量大，施工时水化热不易消散，易产生温度裂缝。所谓"水化热"是指水泥的水化，是放热反应，水泥在凝结硬化过程中会放出大量热。水化热的危害是会使内外混凝土产生较大的温差，进而产生温度应力，引起混凝土表面开裂。防治水化热的措施是设置温度伸缩缝。

（8）受扬压力影响大。所谓"扬压力"是指在上下游水位差作用下，水渗入坝体的孔隙内形成渗透水压力，所取截面上向上的渗透水压力。设置防渗排水设施可减小扬压力。

2. 混凝土重力坝设计的主要内容

混凝土重力坝设计的主要内容包括以下七个方面。

（1）剖面设计。应参照已建工程经验初步拟定剖面尺寸。

（2）稳定计算。验算坝体沿建基面或地基中软弱结构面的稳定安全度。

（3）应力计算。应使应力条件满足设计规范要求，以保证大坝和坝基有足够的强度。

（4）溢流重力坝和泄水孔的孔口尺寸的设计，包括泄水建筑物体型、溢流堰顶高程、溢流重力坝前沿宽度和泄水孔进口高程、泄水孔孔口尺寸等。

（5）构造设计。应根据施工和运行要求确定坝体的细部构造，如坎体分缝、廊道系统、排水系统、止水系统等。

（6）地基处理。根据地质条件进行地基的防渗、排水设计，以及对断层等地质结构面进行处理。

（7）监测设计，包括坝体内部和外部的监测设计。

3. 混凝土重力坝的分类

混凝土重力坝按坝顶是否溢流可分为：溢流重力坝，即既可挡水又可泄水的水工建筑物；非溢流重力坝，即单纯的挡水建筑物。

混凝土重力坝按结构形式可分为实体重力坝、宽缝重力坝、支墩坝、空腹重力坝、预应力重力坝。宽缝重力坝的优点是可减少扬压力，改善混凝土浇筑时的散热条件，缺点是施工复杂，模板用量多。支墩坝是由一系列独立的支墩顺坝轴线排列，前面设挡水构件形成的横断河道的挡水坝，其挡水构件承受水压力等荷载并经支墩将荷载传给地基。支墩坝的优点是可节约混凝土方量，能充分利用材料强度，缺点是侧向稳定性差，对地基的要求严格，钢筋用量较大，施工复杂。空腹重力坝的优点是可减少扬压力，节约混凝土方量，改善坝体应力，缺点是施工复杂。预应力重力坝的优点是利用受拉钢筋或钢杆对重力坝施加预应力以改善坝体应力，提高了坝体的抗滑稳定性，缺点是施工复杂，钢筋用量多。

### （二）重力坝的荷载及组合

1. 重力坝的荷载计算

目前，重力坝的荷载计算是沿坝轴线方向取 1m 宽坝体为计算单元。重力坝的荷载主要考虑以下八个方面。

（1）自重。自重是指坝体及其上永久性设施的重量。

（2）上下游坝面的静水压力。静水压力是作用在上下游坝面的主要荷载。

（3）溢流坝反弧段上的动水压力。

（4）扬压力。扬压力包括渗透压力和浮压力。在上下游水位差的作用下，库水经过坝体和坝基的孔隙向下游渗透而形成渗透水流，渗透水流对计算截面产生的垂直指向该截面的水压力为渗透压力。若计算截面在下游水位之下，则下游水深对截面产生的垂直指向该截面的水压力为浮压力。坝基面上的扬压力计算分三种情况，即不设防渗排水设施的实体重力坝、设有防渗帷幕和排水设施的实体重力坝、设有抽排降压设施的实体重力坝。其中，防渗帷幕是指在坝基土岩中钻孔灌浆而形成一道连续的地下墙，排水设施是指在坝基土岩中钻孔形成排水孔幕。设置防渗帷幕和排水设施的作用是阻止渗透水流，降低渗透压力，延长渗径。计算过程中，$\alpha$ 为扬压力折减系数，对河床坝段取 0.2 ～ 0.3、岸坡坝段取 0.3 ～ 0.4。设有抽排降压设施的实体重力坝，其抽排降压原理是在基础灌浆廊道下游设置一道排水廊道，钻设排水孔，然后由抽水设备定时抽排。计算过程中，$\alpha_1$ 为扬压力折减系数，$\alpha_2$ 为残余物压力系数。坝体内部的扬压力应分坝体内有排水管和坝体内无排水管两种情况考虑。扬压力计算过程中，可认为扬压力始终垂直作用于计算截面，近似作用在 100 % 的面积上，若坝基条件复杂，则需经专门研究来确定扬压力分布。

（5）冰压力。冰压力包括由于流冰的冲击而产生的动压力，由于大面积冰层受风和水剪力的作用而传递到建筑物上的静压力，以及整个冰盖层膨胀产生的静压力。

（6）浪压力。浪压力计算时应注意，由于水对波浪的阻力大于空气对波浪的阻力，波浪的中心线应高于静水位。当建筑物的迎风面是垂直面时，波浪撞击在壁面上会产生反射波，反射波与入射波叠加会产生驻波，驻波波高为风成波波高的 2 倍。

（7）地震荷载，又称地震力。地震荷载是结构物由于地震而受到的惯性力、土压力和水压力的总称。水平振动对建筑物的影响最大，因而一般只考虑水平振动。

（8）温度荷载。对重力坝施工期进行适当温控，运用期设置永久性横缝，则温度荷载可不列为主要荷载。

2. 重力坝的荷载组合

我国《混凝土重力坝设计规范》（SL 319—2018）属于安全系数设计法规范，该规范将作用于坝体上的荷载分为基本荷载和特殊荷载两大类。混凝土重力坝的基本荷载包括：坝体及其上永久性设备自重；正常蓄水位、设计洪水位时，大坝上游面、下游面的静水压力；扬压力；淤沙压力；正常蓄水位或设计洪水位时的浪压力；冰压力；土压力；设计洪水位时的动水压力；其他出现机会较多的荷载。混凝土重力坝的特殊荷载包括校核洪水位时大坝上游面、下游面的静水压力，校核洪水位时的扬压力，校核洪水位时的浪压力，校核洪水位时的动水压力，地震荷载，其他出现机会很少的荷载。前已叙及，所谓“荷载组合”是指将具有合理的同时出现概率的荷载进行最不利组合，作为建筑物上的设计荷载。混凝土重力坝的荷载组合分基本组合和特殊组合，基本组合是指由基本荷载建立的组合，特殊组合是指由基本荷载和一种或几种特殊荷载建立的组合。

### （三）重力坝的稳定分析要求

重力坝稳定分析的目的是核算坝体沿坝基面或沿坝基岩体内软弱面上的稳定安全度。

1. 沿坝基面的抗滑稳定分析

沿坝基面的抗滑稳定分析可采用以下两种方法。

（1）摩擦公式法。摩擦公式认为坝体与坝基为接触状态，可分两种情况进行分析。

当坝基面为水平时，坝基面上的安全系数 $K$ 为：

$$K=\frac{阻滑力}{滑动力}=\frac{f\left(\sum W-U\right)}{\sum P}\geqslant[K] \tag{1-1}$$

式中：$\sum P$ —— 作用于坝基面以上的合力在水平方向投影的代数和，kN；

$\sum W$ —— 作用于坝基面以上的合力在垂直方向投影的代数和，kN；

$U$—— 作用于坝基面上的扬压力，kN；

$f$—— 坝基面上的摩擦系数；

$K$—— 设计规范规定的抗滑安全系数。

当坝基面为倾斜时，坝基面上阻滑力为 $f\left(\sum W\cos\beta+\sum P\sin\beta-U\right)$，坝基面上滑动力为 $\sum P\cos\beta-\sum W\sin\beta$，则坝基面上的抗滑安全系数 $K$ 为：

$$K=\frac{f\left(\sum W\cos\beta+\sum P\sin\beta-U\right)}{\sum P\cos\beta-\sum W\sin\beta}\geqslant[K] \tag{1-2}$$

式中：$\beta$—— 坝基面与水平面间的夹角，（°）；

其余符号含义及单位同前。

由以上叙述可见，当坝基面向上游倾斜时，对抗滑稳定有利；当坝基面向下游倾斜时，$\beta$ 为负，坝基面上的滑动力 $\sum P\cos\beta-\sum W\sin\beta$ 增加，对抗滑稳定不利。

（2）抗剪断强度公式法。抗剪断强度公式认为坝体与坝基为胶结状态，坝基面上的抗滑安全系数 $K'$ 为：

$$K'=\frac{f'\left(\sum W-U\right)+c'A}{\sum P}\geqslant[K'] \tag{1-3}$$

式中：$f'$—— 坝基面上的抗剪断摩擦系数；

$c'$—— 坝基面上的抗剪断凝聚力，kPa；

$A$—— 坝基面面积，$m^2$；

其余符号的含义及单位同前。

抗滑稳定分析应考虑任何可能出现的荷载组合。沿坝基面的抗滑稳定分析摩擦公式形式简单，但没有考虑坝体与坝基的咬合、胶结作用，故与实际情况出入较大。抗剪断强度公式顾及了坝基面的全部抗滑潜力，故较接近实际作用情况。式（1-2）、式（1-3）中，$f'$、$c'$ 与 $f$ 的取值非常关键，$f'$、$c'$ 与 $f$ 的物理意义不同，其试验方法也不同。$f$ 可采用一般的摩擦试验取得，$f'$、$c'$ 则需通过两材料胶结面的抗剪断试验取得。同样，式（1-2）、式（1-3）中 $K$、$K'$ 的取值也非常关键，$K$、$K'$ 的取值与工程等级、荷载组合、计算方法有关。根据《混凝土重力坝设计规范》（SL 319—2018），$K$ 主要根据工程等级和荷载组合确定，一般选取 1.0 ～ 1.1，而将混凝土与基岩间的凝聚力作为安全储备。$K'$ 主要根据荷载组合确定，基本荷载组合为 3.0，特殊荷载组合为 2.3 ～ 2.5。式（1-2）、式（1-3）均为《混凝土重力坝设计规范》

（SL 319—2018）推荐的计算公式，其安全系数只是一个抗滑稳定的安全指标，并不能反映坝体真实的安全程度。$\sum W$和$\sum P$基本与坝高的平方成正比，而凝聚力 $c'A$ 则与坝高成正比，因此按摩擦公式核算坝体抗滑稳定时，高坝的安全储备比低坝小。

2. 深层抗滑稳定分析

当坝基内存在岩体软弱结构面时，在水荷载作用下坝体连同部分基岩有可能沿坝基内的软弱结构面产生滑动（深层滑动）。深层滑动可能为单滑动面，也可能为双滑动面或多滑动面。下面就单滑动面和双滑动面作理论分析。

（1）单滑动面深层滑动。当坝基内只存在一个岩体软弱结构面时，可将软弱结构面以上的坝体和地基作为整体，按刚体极限平衡法核算软弱结构面上的抗滑安全系数，则软弱结构面上的抗滑安全系数 $K$ 为：

$$K=\frac{f_B\left(\sum W\cos a-U\pm\sum P\sin a\right)+c_BA}{\sum P\cos a\mp\sum W\sin a}\geqslant[K] \tag{1-4}$$

式中：$f_B$—— 滑动面上的抗剪断摩擦系数；

$c_B$—— 滑动面上的抗剪断凝聚力，kPa；

其余符号含义及单位同前。

（2）双滑动面深层滑动。实际工程中，坝基内往往会存在多条相互切割交错的断层和软弱夹层，从而构成复杂的滑动面。在深层抗滑稳定分析时，应验算所有可能的滑动通道，并从中找出最不利的滑动面组合和其上抗滑安全系数。一般可先将倾向下游的缓倾角断层、泥化夹层假设为第一滑动面，再将倾向上游的断层、泥化夹层假设为第二滑动面，也可以假定多条滑动面后，通过计算确定一条最不利的第二滑动面。求解深层抗滑稳定问题的难点是，一个刚体极限平衡方程（抗剪断强度公式或摩擦公式）不能同时求出两个未知数 $F_1$、$F_2$（或 $K_1$、$K_2$）。深层抗滑稳定分析的简化计算方法是将滑移体分为两段，采用被动抗力法、剩余推力法、等安全系数法进行计算。被动抗力法假定抗力体的作用得到充分发挥，取其 $K_2$=1，进而求出 $Q$（$Q$ 为抗力体向坝体段提供的阻力），进而计算出坝体段的安全系数 $K_1$ 作为深层抗滑稳定安全系数。被动抗力法概念清楚，但理论依据不足，当抗力体提供的 $Q$

较小时，坝体段可能产生较大的位移并导致上游帷幕破坏，而该现象无法定量分析，在计算结果中也不能反映出来。剩余推力法假定坝体段的稳定安全系数 $K_1$=1 后，求出抗力体上的推力 $Q$，再由此计算出抗力体的稳定安全系数 $K_2$ 作为深层抗滑稳定安全系数。剩余推力法存在的问题是，当坝体段的 $f$ 较大时，$Q$ 可能为负值或零（不符合实际情况）。另外，为承受 $Q$，抗力体可能会产生较大的变形以至压碎坝趾岩体，在计算结果中也不能反映出来。等安全系数法就是假定 $K_1$=$K_2$ 后，分别由两个极限平衡方程求解 $K$、$Q$。由于第一滑动面一般为断层、泥化夹层（产生塑性破坏、变形较大），第二滑动面一般处于完整岩体中，破坏形式为脆性破坏，变形很小即被破坏，因此两滑动面上的安全系数实际上不可能相同。

3. 提高坝体抗滑稳定性的措施

提高坝体抗滑稳定性的措施主要有以下八条。

（1）利用水重。将坝体上游面做成倾斜面，利用水重增加向下的垂直力。

（2）开挖时将坝基面向上游倾斜，对抗滑稳定有利。

（3）在坝基面设置防渗排水设施以减少扬压力。

（4）在坝踵处设深齿墙。当软弱夹层埋藏较浅时，将坝踵附近出露的软弱夹层开挖齿槽切断，并进行回填混凝土处理。该方法施工简单，工程量不大，有利于坝基防渗。

（5）设置混凝土洞塞。当软弱夹层埋藏较深时，由于厚度大且倾角较平缓，全部挖出工程量大，则可在软弱夹层中放置数排混凝土洞塞以增加软弱夹层的抗剪能力。

（6）在坝趾下游处修建深齿墙。在坝趾下游处修建深齿墙可以增加尾岩抗力作用，在坝基开挖过程中，若发现了原来没有预见到的夹层，适合采用该措施。

（7）钢筋混凝土抗滑桩。在坝基软弱夹层的下游坝趾、抗力体部位布置钢筋混凝土抗滑桩，深入滑动面以下完整岩体中，利用桩体承受推力或剪力，增加尾岩抗力。

（8）预应力锚索。预应力锚索加固是在坝顶钻孔至基岩深部，孔内放置钢索，其下端锚固在夹层以下的完整岩石中，而在坝顶锚索的另一端施加拉力，使坝体受压。预应力锚索既可提高坝体的抗滑稳定性，又可改善坝踵的应力状态。

### （四）重力坝的应力分析要求

1. 重力坝应力分析的目的与方法

重力坝应力分析的目的是检验坝体在施工期和运用期是否满足强度方面的要求，确定坝体混凝土材料分区，为坝体的某些部位配置钢筋提供依据。重力坝的应力分析方法可以分为两大类，即理论计算方法和模型试验方法。这两类方法互相补充、互相验证，并受原型观测结果的检验。

（1）模型试验法。模型试验常用的方法：电测法，可以进行弹性应力分析、破坏试验；地质力学模型试验，可以模拟复杂的地基。目前，模型试验法在模拟材料特性、施加地基渗透体积力等方面还存在一些问题，有待进一步研究与解决。

（2）材料力学法。材料力学法是《混凝土重力坝设计规范》（SL 319—2018）推荐的方法，该方法不考虑地基变形对坝体的应力影响，并导致计算结果在地基附近 1/3 坝高范围内与实际情况不符合。但该方法有长期实践应用经验，对中等高度坝按该方法和规定指标进行设计是可以保证工程安全的。

（3）弹性理论解析法。弹性理论解析法在力学模型和数学解法上都是严格的，因此只有少数边界条件简单的典型结构才有确切答案。对典型结构的计算分析可以验证其他方法的正确性，目前弹性理论解析法仍是一种有价值的分析方法。

（4）弹性理论的差分法。弹性理论的差分法在力学模型解法上是严格的，在数学的解法上采用差分格式（近似的）。差分法要求方型网格，故对复杂边界适应性差。

（5）弹性理论的有限元法。有限元法在力学模型上是近似的，在数学的解法上是严格的。有限元法不仅能求解位移场、应力场，还可以求解温度场和渗流场，不仅能解决弹性问题，还可以解决弹塑性问题、动力学问题和岩体力学问题。因此，其在水利水电工程设计中的应用广泛而普遍。

2. 用材料力学法计算坝体应力

用材料力学法计算坝体应力的过程主要有以下两步。

（1）基本假定。假定坝体材料为均质、连续、各向同性的弹性材料；坝段为固结于地基上的悬臂梁且各坝段独立工作，横缝不传力；地基的变形对坝体的应力没有影响；水平截面上的竖向正应力呈直线分布（平面假定）。

（2）计算单元、计算截面选择。计算单元应垂直坝轴线方向并取单位坝宽，计算截面在计算单元的横剖面上，截取若干个控制性水平截面进行应力计算。一般选取坝基面、坝体削弱部位（廊道部位等），以及需要计算坝体应力的部位。

### （五）溢流重力坝剖面设计

溢流重力坝剖面设计除应满足强度、稳定、经济条件外，还应考虑泄水条件。

1. 溢流重力坝泄水方式

（1）坝顶式溢流。坝顶式溢流的特点是超泄能力大，闸门承受水压力小，孔口尺寸可大些，工作可靠，操作、检修方便，能排泄冰凌和其他漂浮物，不能预泄洪水。

（2）大孔口式溢流。大孔口式溢流的特点是可以预泄洪水，降低上游洪水位，降低坝高，减少工程量。大孔口式溢流由于有胸墙挡水，可以降低闸门高度。当库水位低时，胸墙不影响泄流，和坝顶式溢流相同；当库水位较高时，由于胸墙的拦阻，不能排泄冰凌和漂浮物。胸墙多做成固定的，也可以做成活动的。

（3）深式泄水孔。深式泄水孔可用于预泄洪水、放空库水、排放泥沙、向下游供水、施工导流等。深式泄水孔可以根据孔内流态分为有压和无压两类。有压泄水孔泄水时，整个泄水孔都处于满流承压状态；无压泄水孔泄水时，除进口有一段压力短管，其余部分处于明流状态。深式泄水孔的下

泄流量与 $H^{1/2}$ 成正比（$H$ 为水头），超泄能力较小。由于闸（阀）门承受的水头较高，操作、检修都比较复杂。

2. 洪水标准

洪水标准包括洪峰流量和洪水总量。洪水标准通常有设计洪水标准和校核洪水标准两种。洪水标准是确定泄水建筑物孔口尺寸及进行水库调洪演算的重要依据。

3. 溢流坝孔口尺寸的选定

溢流坝孔口尺寸即溢流坝的堰顶高程和溢流坝段的前沿宽度。溢流坝孔口尺寸需对与洪水标准相应的设计（校核）洪水过程进行调节计算确定。在拟定溢流坝孔口尺寸时，要先根据下游河床的抗冲刷条件确定单位宽度上溢流坝下泄的流量，称为单宽流量。单宽流量越大，对下游局部冲刷越严重。然后，对初步拟定的溢流坝孔口尺寸进行洪水调节计算，得到水库的最高洪水位和最大下泄流量。最高洪水位涉及大坝的高度、工程量及上游的淹没状况，最大下泄流量涉及下游的消能防洪问题。因此，需要进行技术经济综合比较来确定溢流坝孔口尺寸。

### （六）重力坝构造及坝体材料选择方法

1. 重力坝的构造

重力坝的构造设计主要应关注以下三个问题。

（1）重力坝的分缝。为适应施工期和运行期的温度变化及地基不均匀沉降，施工时混凝土的浇筑能力及散热要求常常需要在水工建筑物中设置接缝构造。接缝构造的类型按其作用可分为温度缝（伸缩缝）、沉陷缝和施工缝，按其使用期限可分为永久缝和临时缝。温度缝和沉陷缝多为永久缝，施工缝多为临时缝。

①横缝。横缝是垂直于坝轴线方向设置的，可将坝体分成若干坝段。横缝的作用主要是减少坝体的纵向约束，以适应运用期地基的不均匀沉降及温度变化。横缝一般为永久缝，间距一般为 12 ～ 20 m。横缝缝面通常需要采用可靠的止水设备，为适应缝的变形，缝中需要填充沥青油毡、沥

青麻片或其他柔性填料。

②纵缝。纵缝是平行于坝轴线方向设置的，可将坝段分成若干坝块。纵缝的作用主要是适应混凝土的浇筑能力，满足散热要求。纵缝的形式：错缝，用于浇筑块尺寸小的情况，适用于低坝；纵缝，缝面需设置键槽，槽的短边和长边应分别大致与第一和第二主应力方向正交，以减小缝面的错动；斜缝，沿主应力轨迹方向布置，缝面的剪应力很小；通仓浇筑，可以简化施工程序，加快施工进度，施工的坝整体性较好，但需要的浇筑能力大，温度应力也较大。纵缝的间距一般为 15 ～ 30 m，取决于混凝土浇筑能力及温度控制要求。纵缝缝面的处理方式是，待坝体温度降到稳定温度时接缝灌浆。

③水平施工缝。水平施工缝是指下上层浇筑块之间，新老混凝土的结合面，下上层浇筑块之间的间歇时间一般为 3 ～ 7 天。水平施工缝缝面的处理是先在老混凝土面凿毛、冲洗，再在已清理的干燥表面上敷一层 2 ～ 3 cm 的富水泥砂浆，用钢丝刷抹后立即浇上层混凝土。另外，上层混凝土需防止振捣过度，以免造成水泥砂浆泌水。

（2）坝体排水。坝体排水的作用是减少渗水对坝体的危害。坝体排水应沿坝轴线方向布置，一般每隔 2 ～ 3 m 的间距布置一根排水管。坝体排水离上游坝面距离一般应为 1/10 ～ 1/20 坝前水深，以防止渗水的溶滤破坏作用。坝体排水应采用多孔混凝土预制安装，并分 1 m 一节进行预制，管内为圆形，直径为 15 ～ 20 cm，管外为六边形，管壁厚 10 cm。

（3）廊道系统。在坝体中设置廊道系统主要用于基础灌浆、排水、观测、检查、坝内交通等。

①基础灌浆廊道。基础灌浆廊道主要用于防渗帷幕及排水幕的施工。基础灌浆廊道离上游坝面距离一般应为 1/10 ～ 1/20 坝前水深，且在基岩面以上应有 1.5 倍廊道宽度的距离。廊道的断面形式一般为城门洞型。

②排水、观测、检查、坝内交通廊道。用于排水、观测、检查、坝内交通等目的的廊道，一般应沿坝高每隔 15 ～ 20 m 高程设置一层。由于坝体排水与廊道的连接形式，坝体排水会在廊道顶部滴水，廊道壁面经常会被排水浸湿。在坝体排水处设置铸铁管连接，接头施工较复杂。坝体排水

与廊道之间采用 1 m 水平连接管，连接管容易被砂浆或杂物堵塞，无法疏通。

2. 溢流坝坝顶的结构布置

溢流坝坝顶上的构造包括闸门、闸墩、边墩、导墙、工作桥及交通桥等。

（1）工作闸门。工作闸门主要用于调节下泄流量，在动水中启闭（要求有较大启闭力）。工作闸门的形式为弧形闸门或平板闸门。

（2）检修闸门。检修闸门用于短期挡水，以便对工作闸门及机械设备进行检修，在静水中启闭，故启闭力较小。检修闸门的形式一般为平板闸门，各闸孔可交替使用平板检修闸门。当库水位在检修期低于溢流堰顶高程时，可不设检修闸门。

（3）闸墩。闸墩的作用主要是分隔闸孔，承受和传递水压力，支承闸墩上部结构重量。闸墩高度和长度应满足闸门、工作桥、交通桥、启闭设备的布置和运行要求，厚度应满足强度、稳定条件要求。

（4）边墩和导墙。边墩用于分隔溢流坝段和非溢流坝段。导墙是边墩向下游的延续，用于分隔下泄水流与坝后水电站的出水水流。导墙应高出掺气后的溢流水面 1 ～ 1.5 m。

（5）胸墙。胸墙用于降低活动闸门的高度，结构形式有板式及板梁式。胸墙与闸墩的连接方式有简支、固结两种。

（6）工作桥、交通桥、启闭设备。工作桥的作用是方便管理人员进行闸门操作和维护等。交通桥用于沟通河流两岸的交通。启闭设备用于启闭工作闸门和检修闸门。

3. 重力坝的材料

建筑重力坝的材料一般为混凝土、浆砌石等。用于建造重力坝的混凝土属于水工混凝土，除应具有足够的强度以保证其安全承受荷载外，还要求在周围天然环境和使用条件下具有经久耐用的性能，即具有高强度、抗渗、抗冻、抗冲刷、抗侵蚀、低热、抗裂等性能要求。重力坝坝体各部分工作条件不同，对混凝土材料性能指标的要求也不同。为了节约和合理使用混凝土，通常需要对坝体材料进行分区：1 区为上下游水位以上坝体表层混凝土，以抗冻性能控制为主；2 区为上下游水位变化区的坝体表层混凝土，以抗冻性能控制为主；3 区为上下游最低水位以下坝体表层混凝土，以抗渗性能控制为主；4 区为坝基部位混凝土，以强度性能控制为主；5 区为坝体内部混凝土，以强度性能控制为主；6 区为有抗冲刷要求部位的混凝土，溢流面、泄水孔、导墙和闸墩等，以抗冲刷性能控制为主。

### （七）重力坝对地基的要求及地基处理方法

1. 重力坝对建坝地基的要求

重力坝对建坝地基的要求主要体现在强度和抗渗性两个方面。所谓“强度要求”是指建坝地基应具有一定的承载能力且不发生显著的变形。所谓“抗渗性要求”是指不发生管涌等渗透破坏（管涌是指坝基中的细土壤颗粒被渗流带走而逐渐形成渗流通道的现象）。天然地基经过长期的地质作用一般都有风化、节理、裂隙等缺陷，以及断层、软弱夹层等结构面，重力坝地基处理的任务就是提高地基的强度、稳定性和抗渗能力。

2. 坝基的开挖和清理

所谓“坝基的开挖”就是指挖出覆盖层及风化破碎的岩石，开挖深度应根据大坝的工程等级、坝高和基岩条件确定。70 m 以上的高坝应建在新鲜、微风化基岩上；30 ～ 70 m 的中坝可建在微风化至弱风化上部基岩上。清理就是指在浇筑混凝土之前进行彻底的清理、冲洗，以及封堵勘探的钻孔、井洞等。

3. 坝基的固结灌浆

固结灌浆是指在坝基的较大范围内钻孔并进行浅层低压灌浆，主要用于整体加固地基。固结灌浆可以改善地基的强度、整体性，提高基岩的不透水性，可达到填实目的，即用混凝土填充溶洞、断层及与基岩间的裂隙，有利于提高帷幕灌浆的压力。固结灌浆的范围主要为坝趾及坝踵处，钻孔布置形式有梅花形、方格形等，钻孔的孔距和排距一般为 2 ～ 4 m，钻孔的孔深一般为 5 ～ 15 m，灌浆压力的大小应以不掀动基岩为限。

4. 帷幕灌浆

帷幕灌浆是指在坝踵附近钻孔进行深层高压灌浆，以填充地基中的裂隙和渗水通道，从而形成一道连续的混凝土地下墙。帷幕灌浆的作用是减少坝底渗透压力,降低坝底渗流坡降,防止坝基发生机械或化学管涌,减少渗流量。

（1）帷幕的深度。帷幕应伸入相对不透水层 3 ～ 5 m。相对不透水层应根据单位吸水率鉴别。单位吸水率 $w$ 是指 1 m 长的钻孔在 0.1 MPa 压力作用下 1 分钟内的吸水量（单位为 L/dm），对高坝应使 $w$<0.01 L/dm，中坝 w 宜为 0.01 ～ 0.03 L/dm，低坝 $w$ 宜为 0.03 ～ 0.05 L/dm。当相对不透水层较深时，可采用悬挂式帷幕，其深度取 0.3 ～ 0.7 的坝高。

（2）帷幕的厚度。灌浆帷幕的厚度以能保持帷幕的渗透稳定为原则。帷幕的厚度（$L$）与灌浆孔排数有关。一排灌浆孔时 $L_4$=（0.7 ～ 0.8）$c$（$c$ 为孔距，一般为 1.5 ～ 4 m）；$n$ 排灌浆孔时 $L_n$=（$n$ ～ 1）$c_1+c'$，$c'$=（0.6 ～ 0.7）$c$，$c_1$ 为排距。

（3）灌浆材料主要有水泥浆和化学灌浆等。

（4）灌浆次序。灌浆次序为：浇混凝土坝块压重—固结灌浆—帷幕灌浆。

（5）钻孔方向。钻孔方向一般应铅直向下（或取 10° 的倾角）以穿过更多的裂隙。

（6）帷幕深度。帷幕应伸入两岸坝肩基岩的一定范围内，具体应按规范或设计要求确定。

5. 坝基排水

坝基排水是为了进一步降低坝底渗透压力。坝基排水是通过在灌浆廊道下游侧沿坝轴线方向钻设排水孔形成一排排水幕进行的。排水孔幕一般应略向下游倾斜且与帷幕成 10° ～ 15° 交角，排水孔孔距一般宜为 2 ～ 3 m，排水孔孔径一般宜为 150 ～ 200 mm，排水孔孔深一般宜为帷幕深度的 0.4 ～ 0.6 倍。排水孔在坝内的部分要预埋钢管，通过坝内的预埋钢管将渗水引至廊道边排水沟内，再汇入集水井，最后由横向排水管自流或水泵抽排至下游。抽排降压设施的辅助排水孔幕是指在主排水孔幕下游侧设置的 2 ～ 3 排辅助排水孔幕。

6. 断层破碎带和溶洞的处理

（1）断层破碎带的走向大致与坝轴平行时的处理方法。若为陡倾角（特点是力学性能差但不透水），则处理方式为先开挖再回填混凝土塞或混凝土拱。若为缓倾角（特点是存在深层不稳定问题，因此应尽量避开走向大致与坝轴平行且为缓倾角的断层，若不可避免则应进行处理），其处理方式有两条原则，即埋藏较浅应全部挖出，埋藏较深其顶面应加混凝土塞，还应沿破碎带挖若干平洞填混凝土斜塞，以形成框形支承系统。

（2）断层破碎带的走向为顺河流方向时的处理方法。该种情况的特点是透水、力学性能差。其处理方法是钻孔灌浆，设置混凝土防渗墙。

## 二、拱坝

拱坝是坝体向上游凸出，平面上呈拱形，拱端支承于两岸山体上的混凝土或浆砌石的整体结构。其竖向剖面可以直立，或有一定的弯曲。它能把上游水压力等大部分水平荷载通过一系列凸向上游的水平拱圈的作用传给两岸岩体，而将其余少部分荷载通过一系列竖向悬臂梁的作用传至坝基。它不像重力坝要有足够大的体积靠自重维持稳定，而是充分利用了筑坝材料的抗压强度和拱坝两岸拱端的反力作用。拱坝是经济性和安全性均很优越的坝型。

### （一）拱坝的特点

1. 结构特点

拱坝是一种空间壳体结构，坝体结构可近似看作由一系列凸向上游的水平拱圈和一系列竖向悬臂梁所组成。坝体结构既有拱的作用又有梁的作用，其所承受的水平荷载一部分由拱的作用传至两岸岩体，另一部分通过竖直梁的作用传到坝底基岩。

拱坝两岸的岩体部分称作拱座或坝肩，位于水平拱圈拱顶处的悬臂梁称作拱冠梁，一般位于河谷的最深处。

2. 稳定特点

拱坝的稳定性主要依靠两岸拱端的反力作用。

3. 内力特点

拱结构是一种推力结构，在外荷载作用下内力主要为轴向压力，有利于发挥筑坝材料（混凝土或浆砌石）的抗压强度，坝体厚度相对较薄。对于有条件修拱坝的坝址，修建拱坝与修建同样高度的重力坝相比，前者工程量一般可比后者节省 1/3 ～ 2/3。

拱坝是高次超静定结构，当坝体某一部位产生局部裂缝时，坝体的梁作用和拱作用将自行调整，坝体应力将重新分配。所以，只要拱座稳定可靠，拱坝的超载能力是很高的，混凝土拱坝的超载能力可为设计荷载的 5 ～ 11 倍。

4. 性能特点

拱坝坝体轻韧，弹性较好，整体性好，故抗震性能也是很高的。拱坝是一种安全性能较高的坝型。

5. 荷载特点

拱坝坝身不设永久伸缩缝，其周边通常固接于基岩上，因而温度变化和基岩变化对坝体应力的影响较显著，必须考虑基岩变形的影响，并将温度荷载作为一项主要荷载。

6. 泄洪特点

在泄洪方面，拱坝不仅可以在坝顶安全溢流，而且可以在坝身开设大孔口泄水。

7. 设计和施工特点

拱坝坝身单薄，体形复杂，设计和施工的难度较大，因而对筑坝材料强度、施工质量、施工技术及施工进度等方面要求较高。

## （二）拱坝对地形、地质的要求

1. 地形条件

衡量适宜修建拱坝的首要条件，是河谷断面的宽高比，即开挖后坝顶高程处河谷宽度 $L$ 和坝高 $H$ 的比值（宽高比）。当宽高比小时，拱作用大，可修建较薄的拱坝；当宽高比较大时，拱的作用减少，坝的断面随之增大。根据工程经验可得出如下结论：$L/H<2$ 时，可修建薄拱坝；$2.0 \leqslant L/H \leqslant 3.0$ 时，可修建中厚拱坝；$L/H>3$ 时，可修建重力拱坝。

在 $L/H$ 相同的情况下，河谷断面形状会影响拱坝厚度。对于 V 形河谷，拱作用较强，可建薄拱坝；对于U形河谷，底部拱的作用显著减小，大部分荷载由梁承担，拱的厚度相应加大；梯形河谷则介于二者之间。

2. 地质条件

拱坝一般要求基岩完整，没有大的断裂和弱夹层，质地均匀且有足够的强度，岩石具有不透水性和耐久性，尤其是两岸拱座岩石的稳定性要好。当坝址地质条件较差时，在查明地质情况的基础上，应进行严格的处理或采取结构措施，以满足设计要求。

### （三）拱坝的荷载特点及类型

1. 拱坝的荷载特点

作用在拱坝上的荷载有水平径向荷载（包括静水压力、泥沙压力、浪压力、冰压力）、自重、扬压力、地震荷载等。上述荷载与重力坝基本相同，但坝体自重和扬压力在拱坝中所起的作用与重力坝相比较小。拱坝坝体一般较薄，坝体内部扬压力对应力影响不大，在中小型拱坝和薄拱坝的坝体应力分析中，可不考虑扬压力的作用，对于重力拱坝和中厚拱坝则应考虑扬压力的作用。分析坝基及拱座稳定时，应计入扬压力或渗透压力荷载。对于用纯拱法计算的拱坝，一般不考虑坝体自重的影响。

温度荷载上升为拱坝设计的主要荷载。温度荷载是指拱坝形成整体后，坝体温度相对于封拱温度的变化值。当坝体温度低于封拱温度时，称为温降，此时拱圈将缩短并向下游变位，由此产生的弯矩、剪力及位移的方向都与库水压力作用下所产生的弯矩、剪力及位移的方向相同，但轴力方向相反；当坝体温度高于封拱温度时，称为温升，拱圈将伸长并向上游变位，由此产生的弯矩、剪力和位移的方向与库水压力作用下所产生的弯矩、剪力及位移的方向相反，但轴力方向相同。因此，在一般情况下，温降对坝体应力不利，温升将使拱端推力加大，对坝肩稳定不利。

2. 类型

按最大坝高处的坝底厚度 $T$ 和坝高 $H$ 之比（厚高比）分类，拱坝可分为薄拱坝、中厚拱坝和厚拱坝（重力拱坝）。$T/H<0.2$ 的为薄拱坝，

$0.2 \leqslant T/H \leqslant 0.35$ 的为中厚拱坝，$T/H > 0.35$ 的为厚拱坝。

按拱坝体形分，有圆筒拱坝、单曲拱坝和双曲拱坝。

按水平拱圈的形式分，有圆弧拱、三心拱、抛物线拱、椭圆拱、不对称拱、等厚度拱、变厚度拱等。另外，还有空腹拱坝、周边缝拱坝等。

3. 拱坝类型选择

根据河谷断面选择拱坝类型。

（1）U 形河谷。由于河谷宽度变化不大，就坝体的应力和坝肩的稳定而言，采用定圆心等半径拱坝或单曲拱坝，可获得良好的工作性能。因此，对较窄的 U 形河谷，多采用圆弧拱的单曲拱坝，对宽一点的 U 形河谷，考虑到拱的刚度、拱坝推力角等因素的要求，可采用三心拱、抛物线拱等非圆拱拱坝，或采用单曲拱坝。

（2）V 形河谷。由于河谷宽度变化大，应采用等中心角拱坝或变中心角、变半径拱坝，以获得较小的坝体断面及良好的工程布置。

（3）梯形河谷。介于 V 形与 U 形之间的梯形河谷，可选用单曲拱坝或者双曲拱坝。一般，当梯形河谷岸坡比较陡且接近 U 形河谷时，可采用单曲拱坝。河谷底宽较小，接近 V 形河谷时，可采用双曲拱坝。

### （四）拱坝坝肩稳定分析

拱坝结构本身的安全度很高，但必须保证两岸坝肩基岩的稳定。坝肩岩体失稳的最常见形式是坝肩岩体受荷载后发生滑动破坏。

坝肩稳定性与地形、地质构造等因素有关，一般可分为两种情况：第一，存在明显的滑裂面滑动问题；第二，不具备滑动条件，但下游存在较大软弱破碎带或断层，受力后产生变形问题。对第一种情况，其滑动体的边界常由若干个滑裂面和临空面组成，滑裂面一般为岩体内的各种结构面，尤其是软弱结构面，临空面则为天然地表面。滑裂面必须在工程地质查勘的基础上，经初步研究得出最可能滑动的形式后确定，然后据此进行滑动稳定分析。对于第二种情况，即拱座下游存在较大断层或软弱破碎带时的变形问题，必须采取加固措施以控制其变形。

改善坝肩稳定性的工程措施有以下五点。

（1）通过挖除某些不利的软弱部位和加强固结灌浆等坝基处理措施来提高基岩的抗剪强度。

（2）深开挖，将拱端嵌入坝肩深处，可避开不利的结构面及增大下游抗滑体的重量。

（3）加强坝肩帷幕灌浆及排水措施，减小岩体内的渗透压力。

（4）调整水平拱圈形态，采用三心圆拱或抛物线拱等扁平的变曲率拱圈，使拱推力偏向坝肩岩体内部。

（5）如坝基承载力较差，可采用局部扩大拱端厚度、推力墩或人工扩大基础等措施。

### （五）拱坝的泄洪布置

拱坝枢纽的泄洪建筑物布置，应根据拱坝的体形、坝高、水电站厂房的布置、泄洪方式、坝址地形地质条件、施工条件等，经综合比较后选定。

拱坝枢纽常用的泄水建筑物有坝顶溢流、坝身孔口泄流、坝肩滑雪道泄流。

1. 坝顶溢流布置

（1）坝顶自由跌落式。对于较薄的双曲拱坝或小型拱坝，当下游尾水较深时，可采用坝顶自由跌落式泄洪，即水流经过坝顶自由跌入下游河床，其溢流坝顶可为条石或混凝土的圆弧形。此种布置构造简单，施工方便，但落水点距坝脚较近，对下游河床冲刷能力大。适用于基岩良好且单宽流量较小的工程。

（2）鼻坎挑流式。为使跌落点距坝脚远些，常在溢流堰面曲线末端连接反弧段，形成挑流鼻坎。挑坎末端与堰顶之间的高差常不大于 6 m，约为设计水头的 1.5 倍，鼻坎挑角为 10° ～25° ，反弧半径约等于堰顶设计水头。此形式挑距较远，有利于坝身安全，适用于单宽流量较大、坝较高的情况。

（3）滑雪道式。这是拱坝特有的一种泄洪方式。滑雪道式的溢流面由坝顶曲线段、泄槽段和挑流鼻坎段三部分组成。溢流面可以是实体的，也可做成架空的或设置在水电站厂房上，一般可在拱坝两端对称布置，使两股水舌在空中对撞削弱能量，减轻冲刷。适用于河谷狭窄而泄洪量大的拱坝枢纽。

2. 坝身泄水孔布置

拱坝的坝身泄水孔包括中孔、深孔和底孔。坝身泄水孔用来承担辅助泄洪、放空水库、排沙、导流等任务。

深式泄水孔通常设计成有压孔，其工作特点是水头高、流速大、射程远，由于拱坝较薄，孔口多采用矩形断面。底孔处于水下较深处，限于高压闸门的制造和操作条件，孔口尺寸不宜太大，进出口体形及闸门设置与隧洞类似。

### （六）拱坝细部构造与地基处理

1. 拱坝的材料及坝体构造

（1）拱坝的材料。拱坝的材料主要有混凝土、浆砌石等。我国已修建的中小型拱坝多采用浆砌石，高坝则用混凝土。由于拱坝比较单薄，对材料强度、抗渗性、耐久性等方面要求比重力坝要高。当坝内厚度小于 20 m 时，混凝土拱坝可不进行材料的分区。

（2）拱坝的构造。

①坝体分缝和接缝处理。拱坝坝体在工作时是一个整体结构，但在施工期，为使混凝土散热，降低温度应力，需分层分块浇筑。因此，混凝土拱坝应设置横缝、纵缝。水库蓄水前，横缝和纵缝必须进行接缝灌浆，使坝体形成一个整体。

缝面中应设键槽，键槽形状为梯形、三角形等，并埋设灌浆系统。横缝间距宜为 15 ～ 25 m，当坝体厚度大于 40 m 时，可考虑设纵缝。水平施工缝间距（浇筑厚度）为 1.5 ～ 3 m，施工时相邻坝块高差一般不超过 20 m。

待混凝土充分收缩冷却后，即可进行灌浆封拱。封拱灌浆是在灌浆区四周设止浆片，常用的止浆片有镀锌铁铅片、塑料带等。灌浆时，自灌浆区底部向上进行，灌浆压力由大到小，一般控制在 0.1 ～ 0.3 MPa。进浆管和回浆管组成一个连通回路，使浆液不断流动，以免凝固。

②坝顶构造。拱坝的坝顶高程、坝顶宽度、排水要求、防浪墙等与重力

坝基本相同。但当坝顶实体宽度不足时，可在上下游侧做成悬臂板梁结构，加宽坝顶，以满足交通、管理等方面的要求。坝体的防渗、廊道设置与重力坝基本相同。

2. 拱坝地基处理

拱坝的地基处理与基岩上的重力坝基本相同，但比重力坝地基处理的要求更为严格，关键是处理好坝肩的稳定。

坝肩稳定关系到拱坝的安全，其地基处理要特别慎重。一般来讲，应开挖到坚硬新鲜岩面，开挖后的河谷断面要平顺和尽可能对称。岩石凹凸应不超过 0.3 m，拱端拱轴线与岩面等高线交角应不小于 35°，必要时，可采取垫座、重力墩等措施。

## 三、支墩坝

支墩坝由一系列支墩及其支承的上游挡水盖板组成。盖板形成挡水面，将水压力、泥沙压力等荷载传递给支墩，再由支墩传至地基。支墩沿坝轴线排列，支撑在岩基上。支墩坝按其结构形式可分为平板坝、大头坝和连拱坝。

### （一）支墩坝的特点

支墩坝一般用混凝土或钢筋混凝土建造。与重力坝相比，支墩坝有以下特点。

（1）混凝土用量小。支墩坝的支墩较薄，墩间空间大，作用在坝底面的扬压力小。上游挡水面板的坡度较缓，可利用上游水重帮助坝体稳定，所以混凝土的用量小。

（2）充分利用材料强度。支墩坝的支墩可以随受力情况调整厚度，因而可以充分利用混凝土的抗压强度。连拱坝则可进一步将挡水盖板做成拱形结构，使材料的强度充分发挥。但是，对上游面板混凝土的抗裂、抗渗性能要求较高。

（3）坝身可以溢流。大头坝接近宽缝重力坝，坝身可以溢流，单宽流量可以较大。平板坝因其结构单薄，单宽流量不宜过大，以防坝体振动。连拱坝坝身一般不做溢流设施。

（4）侧向稳定性较差。一方面，因支墩本身单薄又互相分立，侧向稳定性比纵向稳定性低；另一方面，支墩是一块单薄的受压板，当作用力超过其临界值时，即使应力分析所得支墩应力未超过材料的破坏强度，支墩也会因丧失纵向稳定性而破坏。

（5）对地基的要求较高。支墩坝的坝底应力大，对地基的要求较重力坝高，尤其是连拱坝对地基要求更加严格。平板坝因面板与支墩常设成简支连接，对地基的要求有所降低，在非岩石或软弱岩基上也可修建较低的平板坝。

（6）施工条件有所改善。支墩间存在的空间减少了基坑开挖清理等工作量，便于在枯水期将坝体抢修出水面，支墩间的空腔还可以布置底孔，便于施工导流。因坝体施工散热面增加，故混凝土温度应力、收缩应力较小，温控措施实施较容易，可以加快大坝上升速度，但立模相对复杂且模板用量大。

### （二）平板坝

平板坝由平面盖板和支墩组成。平面盖板即面板，由支墩支撑，其连接方式有简支式和连续式两种，一般采用简支式，以避免面板上游产生拉应力，并可适应地基变形。

支墩形式有单支墩和双支墩两种。支墩间距为 5 ～ 10 m，顶厚为 0.3 ～ 0.6 m，向下逐渐加厚。上下游坡度取决于地基条件，上游面板坡角为 40° ～ 60° ，下游支墩坡角为 60° ～ 80° 。支墩之间常采用加强梁，增加单支墩的侧向稳定性。

### （三）大头坝

大头坝的头部和支墩连成整体，即头部是由上游面的支墩扩大形成的。大头坝接近于宽缝重力坝，其墩间距比宽缝更宽，属于大体积混凝土结构。

1. 头部形式

大头坝的头部形式主要有平头式、圆弧式和折线式。平头式施工简便，但头部应力条件较差，容易在坝面产生拉应力，出现劈头裂缝。圆弧式的受力条件合理，但是施工模板比较复杂。折线式则兼有二者的优点，设计合理的体型能够达到施工简便、受力条件合理的目的。

2. 支墩形式

大头坝的支墩通常有开敞式单支墩、封闭式单支墩、开敞式双支墩和封闭式双支墩四种形式。

（1）开敞式单支墩。结构简单，施工方便，便于观察检修，但是侧向刚度较低，保温条件差，高大头坝较少采用。

（2）封闭式单支墩。侧向刚度较高，墩间空腔封闭，保温条件好，便于坝顶溢流，使用最广泛。

（3）开敞式双支墩。侧向刚度高，支墩内设空腔，可改变头部应力状态，但施工较复杂，多用于高坝。

（4）封闭式双支墩。侧向刚度最高，但施工也最复杂，多用于高坝。

### （四）连拱坝

连拱坝的挡水面板是一连串的拱筒，拱筒与支墩刚性连接成超静定结构。连拱坝利用拱承载能力高、受力条件较好的特点，其拱筒可以做得较薄，支墩间距较大，且连拱坝能充分利用材料强度。所以，在支墩坝中，连拱坝的混凝土工程量最小，但施工复杂，钢筋用量也多。

连拱坝支墩的基本剖面为三角形，其尺寸受抗滑稳定与支墩上游面的拉应力两个因素控制。一般上游坡角为45° ～60° ，下游坡角为70° ～80° 。

连拱坝的拱壳一般采用圆弧形。支墩有单支墩和双支墩两种，后者侧向刚度较大，多用在高连拱坝中。连拱坝不宜从坝顶溢流，应另设溢洪道。但当泄流量不大时，可将溢流堰或底孔设在支墩内，或在支墩上建造陡槽。泄水管或引水管可穿过拱筒，支墩之间可布置水电站厂房。

## 四、橡胶坝

橡胶坝是随着高分子合成材料工业的发展而出现的一种新型水工建筑物。它以高强力合成纤维布为受力骨架，内外两面以硫化氯丁橡胶层作为止水层和保护层的胶布。它代替了自古以来筑坝所用的土、石、木、钢等建筑材料，是建筑材料的一项技术创新。按工程设计要求，其锚固在河道基础底板和端墙上，形成一个封闭的橡胶布囊，充气或充水形成橡胶柔性体挡水。根据坝袋所采用材料的性质和本身特性，橡胶坝在国外又称尼龙坝、织物坝、可充胀坝、可伸缩坝或软壳水工结构等，在我国习惯上称橡胶坝。

### （一）橡胶坝的特点

1. 结构简单，节省三材，造价低

橡胶坝坝袋是以橡胶和作为受力骨架的合成纤维织物等制成的薄壁柔性结构，代替钢、木及钢筋混凝土结构。由于不需要修建中间闸墩、工作桥和安装启闭机具等钢和钢筋混凝土水上结构，并简化水下结构，三材用量显著减少，一般可节省钢材 30 % ～ 50 %、水泥 50 % 左右、木材 60 % 以上，从而大大节省工程投资。橡胶坝与同规模的常规闸坝相比，造价较低，一般可减少投资 30 % ～ 70 %，这是橡胶坝的突出优点。

2. 施工期短

橡胶坝坝袋先在工厂按设计要求的尺寸加工制造，然后运到现场安装，因此施工速度快。长 30 ～ 60 m 的坝袋，重量为 10 ～ 20 t，运输方便。坝袋锚固安装也比较简单，一般 3 ～ 15 天即可安装完毕。由于整个工程结构简单，三材用量少，工期一般为 3 ～ 6 个月。橡胶坝工程可做到当年施工，当年受益。

3. 管理方便，运行费用低

橡胶坝工程的挡水主体为充满水（气）的坝袋，通过向坝袋内充排水（气）来调节坝高，控制系统仅为水泵（空压机）、阀门等，简单可靠，管理方便。制作坝袋的胶布平时几乎不需维修，不像钢闸门那样需定期涂刷防锈漆。

4. 抗震性能好

橡胶坝的坝体为柔性薄壳结构，富有弹性，其冲击弹性在 35 % 左右，制作坝袋的橡胶伸长率可达 600 %，具有以柔克刚的性能，从而能抵抗强大的地震波和特大洪水、海水的波浪冲击。

5. 坚固性较差，易老化

坝袋多为 5 ～ 20 mm 厚的胶布制品，具有重量轻和柔性好的优点，但其耐磨性和坚固性较差，易受机械损伤。所以，在运输、安装和运用中要注意维护，避免尖锐物等的刺伤。高分子合成材料虽然是很有发展前途的新材料，但也存在着易老化的缺点，制造坝袋的材料是合成高分子聚合物，在日光、大气和水的作用下，高分子材料的组成和结构会被破坏，逐步失去原有的优良性能，以致强度和弹性都逐渐降低，最后丧失使用价值。

## （二）橡胶坝的适用范围

橡胶坝这一结构新颖的水工建筑物，其坝袋所使用的原材料来源于石油的副产品。科技进步和我国石油化学工业、纺织工业的发展，为橡胶坝的推广应用提供了可靠的材料保证。橡胶坝的适用范围主要包括以下八个方面。

（1）用于水库溢洪道上的闸门或活动溢流堰，以增加库容及发电水头。建在溢洪道或溢流堰上的橡胶坝，坝后紧接陡坡段，无下游回流顶托现象，袋体不易产生颤动。从水资源高效利用方面分析，将橡胶坝应用于水库溢洪道或拦河坝的增高，这种方式可充分利用水资源，发挥水库或水电站的潜在效益。从工程角度分析，在现有水库溢洪道上加建橡胶坝，可免去橡胶坝工程的上游防渗和下游防冲设施，坝底板不需处理或稍加修整即可。橡胶坝坝袋、锚固和充排水系统等在厂家生产，在工程现场安装，施工期短。橡胶坝的施工是在原溢流坝顶上进行的，不影响水库电站运行，施工方便。因此，在水库溢洪道上兴建橡胶坝效益最为显著。

（2）用于河道上的低水头溢流坝或活动溢流堰。平原河道的特点是水流比较平稳，河道断面较宽，能充分发挥橡胶坝跨度大的优点。例如，海河流域下游地区的复式河床，一般窄深河槽为经常过水部分，此外有 500 ～

1 000 m 宽的漫滩行洪部分，窄深河槽适宜建造橡胶坝。坍坝泄洪时，几乎保持原有河床断面，不阻水，洪水、漂浮物和泥沙等能顺利过坝。所以，在黄淮海平原的河道上修建橡胶坝有着广阔的发展前景。

（3）用于沿海岸作为防浪堤或挡潮闸。由于橡胶制品有抗海水浸蚀和海生生物影响的性能，而且耐老化性能在海水中优于在淡水中，不会像钢铁那样因生锈而性能降低，故沿海地区的挡潮闸门更适合采用橡胶坝。

（4）用于地下水回灌。例如，辽宁省大连旅顺口区受自然地理条件限制，水资源严重缺乏，同时本地区长期受海水入侵影响，地下水被严重污染。为满足当地农业灌溉用水，保证城镇工业和居民用水，先是修建地下拦水坝将龙河地下潜流截住，再在地面上用橡胶坝拦住地表水，形成一个库容 $8.7\times10^5\,m^3$ 的水库。

（5）用于渠系上的进水闸、分水闸、节制闸等工程。建在渠系上的橡胶坝，由于水流比较平稳，柔性袋体止水性能好，能保持水位并通过控制坝高来调节水位和流量。

（6）用于船闸的上下游闸门。与传统船闸相比，橡胶坝船闸具有运作便捷、不影响行洪、节省占地和投资等优点。作为一种新型船闸，橡胶坝船闸具有省时、省力、省投资、省占地、方便快捷的特点，充气式橡胶坝更有节水的优点，这对于我国北方干旱地区的季节性河道更具特殊意义。

（7）用于施工围堰或活动围堰。橡胶活动围堰有其特别优越之处，如高度可升可降，并且可从堰顶溢流，解决了在城市取土的困难，不需用土筑围堰，可保持河道清洁，节省劳力，缩短工期。这种活动围堰适用于水利工程施工截流、维修，以及临时性或半永久性的挡水建筑物。

（8）用于城区园林美化工程。起初，我国兴建的橡胶坝工程主要是为农业灌溉服务，但由于橡胶坝所具有的独特优点，应用范围越来越广。近年来，橡胶坝大规模应用于城区园林美化，改善生态环境。

# 第四节　泄水建筑物

## 一、泄水建筑物的作用与分类

一般来说，任何一个水库的库容都有一定的限度，不能将全部洪水拦蓄在水库内，超过水库调蓄能力的洪水必须泄放到下游，限制库水位不超过规定的高程，以确保大坝及其他挡水建筑物的安全。

泄水建筑物按其功能可分为以下三类。

（1）泄洪建筑物。用来宣泄规划确定的库容所不能容纳的洪水，如溢洪道和泄水隧洞等。

（2）泄水孔或放水孔。

（3）施工泄水道。用来宣泄施工期的流量。

泄水建筑物按泄水方式可分为以下五种。

（1）坝顶溢流式。将溢流孔设于坝顶，泄洪时，水流以自由堰流的方式过坝。

（2）大孔口溢流式。降低堰顶高程，上部采用胸墙挡水。

（3）坝身泄水孔。将泄流进口布置在设计水位以下一定深度的部位。

（4）明流泄水道。如岸边溢洪道、导流明渠等。

（5）泄水隧洞。

在工程实践中，常尽可能把泄水建筑物的不同任务结合起来，使之一物多用。例如，泄水孔常在施工期作导流之用，运用期可放水供应下游，检修时用其放空水库，洪水期可辅助泄洪并冲淤。

## 二、溢流坝

溢流坝主要用于混凝土重力坝、大头坝、重力拱坝，这些坝剖面大，具有设置溢流面的条件。较薄的拱坝如采用溢流式，需加设滑雪道式的溢流面。

### （一）溢流坝的工作特点

溢流坝既是挡水建筑物，又是泄水建筑物，除应满足稳定和强度要求，还需要满足泄流能力的要求。溢流坝在枢纽中的作用是将规划确定的库内所不能容纳的洪水由坝顶泄向下游，确保大坝的安全。溢流坝应满足的泄水要求包括如下五方面。

（1）有足够的孔口尺寸和较大的流量系数，以满足泄洪要求。

（2）使水流平顺地流过坝体，控制不利的负压和振动，避免产生空蚀现象。

（3）保证下游河床不产生危及坝体安全的局部冲刷。

（4）溢流坝段在枢纽中的布置，应使下游流态平顺，不产生折冲水流，不影响枢纽中其他建筑物的正常运行。

（5）有灵活控制水流下泄的机械设备，如闸门、启闭机等。

### （二）消能工的形式与设计

1. 消能工设计原则

消能工的设计原则包括以下五方面。

（1）尽量使下泄水流的大部分动能消耗于水流内部的紊动中，以及水流与空气的摩擦上。

（2）不产生危及坝体安全的河床冲刷或岸坡局部冲刷。

（3）下泄水流平稳，不影响枢纽中其他建筑物的正常运行。

（4）结构简单，工作可靠。

（5）工程量小，经济。

2. 消能工形式

目前常用的消能工形式有挑流消能、底流消能、面流消能和联合消能（宽尾墩—挑流、宽尾墩—消力戽、宽尾墩—消力池等）。设计时应根据地形、地质、枢纽布置、水头、泄量、运行条件、消能防冲要求、下游水深及其变幅等条件进行技术经济比较，选择消能工的形式。对于比较重要的工程，消能工的设计应进行水工模型试验。然而，面流消能和消力戽消能两种形式的水力学计算理论还不够成熟，应用中受到一定限制。

（1）挑流消能。因为挑流消能具有工程量小、投资省、结构简单、检修施工方便等优点，所以我国大多数岩基上的高坝泄水都采用这种方式。挑流消能利用鼻坎将下泄的高速水流向空中抛射，使水流扩散，并掺入大量空气，然后跌入下游河床水垫后，形成强烈的旋滚，并冲刷河床形成冲坑，随着冲坑逐渐加深，水垫越来越厚，大部分能量消耗在旋滚的摩擦中，冲坑逐渐趋于稳定。挑流消能工比较简单经济，但下游局部冲刷不可避免，一般适用于基岩比较坚固的高坝或中坝，低坝需经论证才能使用。当坝基有延伸至下游的缓倾角软弱结构面，可能被冲刷切断而形成临空面，危及坝基稳定，或岸坡可能被冲塌，危及坝肩稳定时，均不宜采用挑流消能。

挑流消能设计的内容包括选择合适的鼻坎形式、反弧半径、鼻坎高程和挑射角度，计算各种泄量时的挑射距离和最大冲坑的深度。从大坝安全考虑，希望挑射距离远一些，冲刷坑浅一些。

（2）底流消能。底流消能是在坝趾下游设消力池、消力坎等，促进水流在限定范围内产生水跃，通过水流内部的旋滚、摩擦、掺气和撞击消耗能量。底流消能具有流态稳定、消能效果好、对地质条件和尾水变幅适应性强及水流雾化小等优点，但工程量大，不宜排漂或排冰。

底流消能适用于中、低坝或基岩较软弱的河道，高坝采用底流消能需经论证。

底流消能常采用的消力池形式有：①护坦末端设置消力坎，在坎前形成消力池；②降低护坦高程，形成消力池；③既降低护坦高程，又建造消力坎，形成综合式消力池。

消力池是水跃消能的主体，其横断面除少数为梯形，绝大多数呈矩形，在平面上为等宽，也有做成扩散式或收缩式的。为了适应较大的尾水位变化及缩短平底段护坦长度，护坦前段常做成斜坡。为了控制下游河床与消力池底的高差，以获得较好的出池水流流态，可采用多级消力池。在消力池内设置辅助消能工，可增强消能效果，缩短池长。辅助消能工有分流趾墩、消力墩及尾槛等。

（3）面流消能。面流消能是在溢流坝下游面设低于下游水位、挑角不大的鼻坎，将主流挑至水面，在主流下面形成旋滚，其流速低于水面，且旋滚水体的底部流动方向指向坝趾，并使主流沿下游水面逐步扩散，减小对河床的冲刷，达到消能防冲的目的。

面流消能适用于水头较小的中、低坝，要求下游水位稳定，尾水较深，河道顺直，河床和河岸在一定范围内有较高的抗冲能力，可排漂和排冰。

（4）联合消能。联合消能的形式有宽尾墩—挑流、宽尾墩—消力戽、宽尾墩—消力池等。为了提高消能效果，减少工程量，我国一些工程已经采用了联合消能形式。

联合消能适用于泄流量大、河床相对狭窄、下游地质条件差的高、中坝或单一消能形式经济合理性差的情况。联合消能应经水工模型试验验证。

## 三、坝身泄水孔

### （一）重力坝的泄水孔

重力坝的泄水孔可设在溢流坝段或非溢流坝段内，它的主要组成部分包括进口段、闸门段、孔身段、出口段和下游消能设施等。

1. 坝身泄水孔的作用及工作条件

坝身泄水孔的进口全部淹没在水下，随时都可以放水，其作用有：①预泄库水，增大水库的调蓄能力；②放空水库，以便检修；③排放泥沙，减少水库淤积；④随时向下游放水，满足航运或灌溉等要求；⑤施工导流。

坝身泄水孔内的水流流速较高，容易产生负压、空蚀和振动；闸门在水下，检修较困难，闸门承受的水压力大，有的可达 40 000 kN，启门力也相应加大；门体结构、止水和启闭设备都较复杂，造价也相应增高；水头越高，孔口面积越大，技术问题越复杂。因此，一般不用坝身泄水孔作为主要的泄洪建筑物。泄水孔的过水能力主要根据预泄库容、放空水库、排沙或下游用水要求来确定。坝身泄水孔在洪水期可作辅助泄洪之用。

2. 坝身泄水孔的形式及布置

按水流条件，坝身泄水孔可分为有压和无压；按泄水孔所处的高程，坝身泄水孔可分为中孔和底孔；按布置的层数，坝身泄水孔可分为单层和多层。

（1）有压泄水孔。有压泄水孔的工作闸门布置在出口，门后为大气，可以部分开启，出口高程较低，作用水头较大，断面尺寸较小。有压泄水孔的缺点是，闸门关闭时，孔内承受较大的内水压力，对坝体应力和防渗都不利，常需钢板衬砌。因此，常在进口处设置事故检修闸门，平时兼用来挡水。我国安砂水电站等工程就采用了这种形式的有压泄水孔。

（2）无压泄水孔。无压泄水孔的工作闸门布置在进口，为了形成无压水流，需在闸门后将断面顶部升高。闸门可以部分开启，闸门关闭后，孔道内无水。明流段可不用钢板衬砌，施工简便，干扰少，有利于加快施工进度。与有压泄水孔相比，无压泄水孔对坝体削弱较大。国内重力坝多采用无压泄水孔，如三门峡水利枢纽工程、丹江口水利枢纽工程、刘家峡水利枢纽工程等。

3. 坝身泄水孔的组成部分

（1）进口段。泄水孔的进口高程一般应根据其用途和水库的运用条件确定。例如：对于配合或辅助溢流坝泄洪兼作导流和放空水库用的泄水孔，在不发生淤堵的前提下，进口高程尽量放低，以利于降低施工围堰或大坝的拦洪高程；对于放水供下游灌溉或城市用水的泄水孔，其进口高程应与坝后引水渠首高程相适应；对于担负排沙任务的泄水排沙孔的进口高程，应根据水库不淤高程和排沙效果来确定。

（2）闸门段。在坝身泄水孔中最常采用的闸门是弧形闸门和平面闸门。弧形闸门不设门槽，水流平顺，这对于坝身泄水孔是一个很大的优点，因为泄水孔中的空蚀常常发生在门槽附近。弧形闸门的启门力较平面闸门小，运用方便。弧形闸门的缺点是闸门结构复杂，整体刚度差，门座受力集中，闸门启闭室所占的空间较大。而平面闸门则具有结构简单、布置紧凑、启闭机可布设在坝顶等优点。平面闸门的缺点是启门力较大，门槽处边界突变，易产生负压而引起空蚀。对于尺寸较小的泄水孔，可以采用阀门，目前常用的是平面滑动阀门，闸门和启闭机连在一起，操作方便，抗震性能好，启闭室所占的空间也小。

（3）孔身段。有压泄水孔多用圆形断面，但泄流能力较小的有压泄水孔则常采用矩形断面。由于防渗和应力条件的要求，孔身周边需要布设钢筋，有时还需要采用钢板衬砌。

无压泄水孔通常采用矩形断面。为了保证形成稳定的无压流，孔顶应留有足够的空间，以满足掺气和通气的要求。孔顶距水面的高度可取通过最大流量不掺气水深的 30 % ～ 50 %。门后泄槽的底坡可按自由射流水舌曲线设计，以获得较高的流速系数。为保证射流段为正压，可按最大水头计算。为了减小出口的单宽流量，有利于下游消能，在转入明流段后，两侧可以适当扩散。

（4）渐变段。泄水孔进口一般都做成矩形，以便布置进口曲线和闸门。当有压泄水孔断面为圆形时，在进口闸门后需设渐变段，以使水流平顺过渡，防止负压和空蚀的产生。渐变段可采用在矩形四个角加圆弧的办法逐渐过渡。当工作闸门布置在出口时，出口断面也需做成矩形，因此在出口段同样需要设置渐变段。

渐变段施工复杂，故不宜太长，但为使水流平顺，渐变段也不宜太短，一般采用洞身直径 1.5 ～ 2.0 倍的长度，边壁的收缩率控制在 1/8 ～ 1/5。

在坝身有压泄水孔末端，水流从压力流突然变成无压流，引起出口附近压力降低，容易在该部位的顶部产生负压。因此，在泄水孔末端常插入一小段斜坡将孔顶压低，面积收缩比可取 0.85 左右，孔顶压坡取 1/10 ～ 1/5。

（5）竖向连接。坝身泄水孔沿轴线在变坡处，需要用竖曲线连接。对于有压泄水孔，可以采用圆弧曲线，曲线半径不宜太小，一般不小于 5 倍孔径。对于无压泄水孔，可以采用抛物线连接。

（6）平压管和通气孔。为了减小检修闸门的启门力，应当在检修闸门和工作闸门之间设置与水库连通的平压管。开启检修闸门前，先在两道闸门中间充水，这样就可以在静水中启动检修闸门。平压管直径根据规定的充水时间决定，控制阀门可布置在廊道内。

当充水量不大时，也可将平压管设在闸门上，充水时先提起门上的充水阀，待充满后再提升闸门。

### （二）拱坝的泄水孔

拱坝是一种空间整体结构，在坝体内布置泄水孔的技术问题较重力坝复杂。对于薄拱坝，为防止削弱坝体的整体性，通常将检修闸门设于拱坝的上游面，工作闸门设于拱坝下游面泄水孔的出口处。这样不仅便于布置闸门的启闭设备，而且结构模型试验资料表明，在坝的下游面孔口末端设置闸墩和挑流坎，也局部增加了孔口附近坝体的厚度，可以明显改善孔口周边的应力状态。出口下游的挑流坎，除把水流挑射远离坝体外，还可改善孔底的拱向应力。对于较薄的拱坝，泄水中孔的断面一般都采用矩形。为了使水流平顺地通过泄水孔，避免发生空蚀和振动，应合理设计泄水孔的体型。大、中型工程的泄水孔体型，包括从进口到出口的形状和曲线，应通过水工模型试验确定。

工程实践和试验研究表明，拱坝坝身开孔除了对孔口周围的局部应力有影响，对整个坝体的应力影响不大。应力集中区的拉应力可能使孔口边缘开裂，但只限于孔口附近，不致危及坝的整体安全。对于局部应力的影响，可在孔口周围适当地布置钢筋。考虑到孔口较大时对坝体断面有所削弱，以及应力重分布的影响，孔口附近的坝体也可以适当加厚。

## 四、岸边溢洪道

在水利枢纽中，必须设置泄水建筑物，以宣泄规划所确定的库容不能容纳的多余水量，防止洪水漫溢坝顶，保证大坝安全。泄水建筑物有溢洪道和深式泄水建筑物两类。

对于土坝、堆石坝及某些轻型坝，一般不容许从坝身溢流或大流量溢流。当河谷狭窄而泄洪量大，难于经混凝土坝泄放全部洪水时，则需在坝体以外的岸边或天然垭口处建造溢洪道（通常称为岸边溢洪道）或开挖泄水隧洞。

### （一）岸边溢洪道的形式

1. 正槽溢洪道

正槽溢洪道的过堰水流与泄槽轴线方向一致。它结构简单，施工方便，工作可靠，泄水能力强，故在工程中应用广泛。

2. 侧槽溢洪道

侧槽溢洪道的泄槽轴线与溢流堰轴线接近平行，即水流过堰后，在很短距离内转弯约 90° ，再经泄槽泄入下游。侧槽溢洪道多设置在较陡的岸坡上，沿等高线设置溢流堰和泄槽。此种布置形式可以加大堰顶长度，减小溢流水深和单宽流量，而不需要大量开挖山坡。但对岸坡的稳定要求较高，特别是位于坝头的侧槽，直接关系到大坝安全，对地基要求也更严格。侧槽内的水流比较紊乱，要求侧壁有较坚固的衬砌。

3. 竖井式溢洪道

竖井式溢洪道在平面上，进水口为一环形的溢流堰，水流过堰后，经竖井和出水隧洞流入下游。竖井式溢洪道适用于岸坡陡、地质条件良好的情况。如能利用一段导流隧洞，采用此种形式比较有利。它的缺点是水流条件复杂，超泄能力小，泄小流量时易产生振动和空蚀。

4. 虹吸溢洪道

虹吸溢洪道利用虹吸作用，使溢洪道在较小的堰顶水头下得到较大的单宽流量。水流出虹吸管后，经泄槽流入下游。它的优点是不用闸门就能自动地调节上游水位，缺点是构造复杂，泄水断面不能过大，水头较大时，超泄能力不大，工作可靠性差。虹吸溢洪道多用于水位变化不大而需随时调节的水库（如日调节水库），以及水电站的压力前池和灌溉渠道等处。

### （二）岸边溢洪道位置的选择

岸边溢洪道在枢纽中的位置受地形、地质、枢纽总体布置、施工和运行等因素的综合影响，应通过技术经济比较确定。

布置溢洪道应选择有利的地形，如合适的垭口或岸坡，以减少工程量，并应尽量避免深挖形成高边坡（特别是对于不利的地质条件），以免造成边坡失稳或处理困难。

溢洪道应布置在稳定的地基上，并应考虑岩层及地质构造的性状，还应充分注意建库后水文地质条件的变化及其对建筑物及边坡稳定的不利影响。土基则必须进行适宜的地基处理和护砌。

在土石坝枢纽中，溢洪道的进口不宜距土石坝太近，以免冲刷坝体。同时，应和其他建筑物如坝、水电站等综合起来一起考虑，使各建筑运用灵活可靠。当溢洪道靠近坝肩时，其与大坝连接的导墙、接头、泄槽边墙等必须安全可靠。

从施工方面考虑，溢洪道的出渣路线及堆料场布置，要相互适宜，并尽量利用开挖出的土石方上坝。

### （三）正槽溢洪道

正槽溢洪道包括进水渠、控制段、泄槽、消能防冲设施和出水渠等部分。

1. 进水渠

进水渠的作用是将水库的水流平顺地引至溢流堰前。其设计原则是，在合理开挖方量的前提下，尽量减少水头损失，以增加溢洪道的泄水能力。进水渠的布置和设计应注意如下三个问题。

（1）平面布置。应选择有利的地形、地质条件，保证施工及运行期的岸坡稳定。在选择轴线方向时，应使水流平顺地进入控制段，避免出现横向水流或漩涡，最好布置成直线。进水渠底一般为等宽或顺水流方向收缩，在与控制段连接处应与溢流前缘等宽。

（2）横断面。进水渠的横断面一定要大于控制段的过水断面。在不致造成过大挖方量的前提下，进水渠内流速一般控制为 1 ～ 2 m/s，最大不宜超过 4 m/s，以减少水头损失。

（3）纵断面。进水渠的纵断面一般做成平底或坡度不大的逆坡。当溢流堰为实用堰时，渠底在溢流堰处宜低于堰顶至少 $0.5H$（$H$ 为堰面定型设计水头），以保证堰顶水流稳定和具有较大的流量系数。

2. 控制段

溢洪道的控制段包括溢流堰（闸）和两侧连接建筑物，是控制溢洪道泄流能力的关键部位，因此必须合理选择溢流堰的形式和尺寸。

（1）溢流堰的形式。溢流堰通常选用宽顶堰、实用堰，有时也用驼峰堰、折线形堰。溢流堰体型设计的要求是尽量增大流量系数，在泄流时不产生空蚀或诱发危险振动的负压等。

（2）溢流孔口尺寸的拟定。溢洪道的溢流孔口尺寸，主要是指溢流堰顶高程和溢流前缘长度，其设计方法与溢流重力坝相同。这里需要指出的是，由于溢洪道出口一般离坝脚较远，其单宽流量可比溢流重力坝所采用的数值更大些。

3. 泄槽

洪水经溢流堰后，多用泄槽与消能防冲设施连接。由于落差大、纵坡陡，槽内水流速度往往超过 16 m/s，形成高速水流。高速水流有可能带来掺气、空蚀、冲击波和脉动等不利影响，因此设计时必须考虑这些影响并在布置和构造上采取相应的措施。

（1）平面布置。为使水流平顺，泄槽在平面上沿水流方向宜尽量采取直线、等宽、对称的布置，力求避免弯道或横断面尺寸的变化。

（2）纵剖面布置。泄槽纵剖面设计主要是确定纵坡。为节省开挖方量，泄槽的纵坡通常随地形、地质条件而变化，为了使水流平顺和便于施工，坡度变化不宜太多。实践表明，在坡度由陡变缓处，泄槽易被动水压力破坏，在变坡处宜用反弧连接，反弧半径应不小于 8 倍水深。当坡度由缓变陡时，水流易脱离槽底而产生负压，在变坡处宜用符合水流轨迹的抛物线连接。

（3）横断面。泄槽横断面形状与地质条件紧密相关。在非岩基上，一般做成梯形断面，坡比为 1/2 ～ 1/1，在岩基上的泄槽多做成矩形或近于矩形的横断面，坡比为 1/0.3 ～ 1/0.1。泄槽的过水断面由水力计算确定，边墙高度等于最大过水断面的水深加超高。一般混凝土护面的泄槽超高为 30 ～ 50 cm，浆砌石护面为 50 cm。当流速 $v$ >6 m/s 时，边墙高度应按掺气后的水深加安全超高确定。

（4）泄槽的衬砌。为保护地基不受冲刷，岩石不受风化，以及防止高速水流钻入岩石缝隙后将岩石掀起，泄槽通常需要衬砌。

对泄槽衬砌的要求是：衬砌材料能抵抗水流冲刷；在各种荷载作用下能保持稳定；表面光滑平整，不致引起不利的负压和空蚀；做好底板下排水，以减小作用在底板上的扬压力；做好接缝止水，隔绝高速水流浸入底板下部，避免因脉动压力引起的破坏；要考虑温度变化对衬砌的影响。此外，在寒冷地区，对衬砌材料还应有一定的抗冻要求。

4. 消能防冲设施及出水渠

溢洪道泄洪，一般单宽流量大、流速高、能量集中。若消能措施考虑不当，高速水流与下游河道的正常水流不能妥善衔接，下游河床和岸坡就会遭受冲刷，甚至危及大坝和溢洪道自身的安全。

溢洪道出口的消能方式与溢流重力坝基本相同，有关出口消能设计可参考溢流坝。

出水渠将经过消能后的水流较平顺地泄入原河道。出水渠应尽量利用天然冲沟或河沟，如无此条件，则需人工开挖明渠。当溢洪道的消能设施与下游河道距离很近时，也可不设出水渠。

# 第二章　施工导流与降排水

## 第一节　施工导流的设计与规划

施工导流的方法大体上分为两类，一类是全段围堰法导流（河床外导流），另一类是分段围堰法导流（河床内导流）。

### 一、全段围堰法导流

全段围堰法导流是在河床主体工程的上下游各建一道拦河围堰，使上游来水通过预先修筑的临时或永久泄水建筑物（明渠、隧洞等）泄向下游，主体建筑物在排干的基坑中进行施工，主体工程建成或接近建成时再封堵临时泄水道。这种方法的优点是工作面大，河床内的建筑物在一次性围堰的围护下建造，如能利用水利枢纽中的永久泄水建筑物导流，可大大节约工程投资。

全段围堰法按泄水建筑物的类型不同可分为明渠导流、隧洞导流、涵管导流等。

#### （一）明渠导流

上下游围堰一次拦断河床形成基坑，保护主体建筑物干地施工，天然河道水流经河岸或滩地上开挖的导流明渠泄向下游的导流方式称为明渠导流。

1. 明渠导流的适用条件

若坝址河床较窄，或河床覆盖层很深，分期导流困难，且具备下列条件之一，可考虑采用明渠导流。

（1）河床一岸有较宽的台地、垭口或古河道。

（2）导流流量大，地质条件不适于开挖导流隧洞。

（3）施工期有通航、排冰、过木要求。

（4）总工期紧，不具备洞挖经验和设备。

国内外工程实践证明，在导流方案比较过程中，若明渠导流和隧洞导流均可采用，一般倾向明渠导流。这是因为明渠开挖可采用大型设备，加快施工进度，对主体工程提前开工有利。施工期间河道有通航、过木和排冰要求时，明渠导流明显更有利。

2. 导流明渠布置

导流明渠布置分在岸坡上和在滩地上两种布置形式。

（1）导流明渠轴线的布置。导流明渠应布置在较宽台地、垭口或古河道一岸；渠身轴线要伸出上下游围堰外坡脚，水平距离要满足防冲要求，一般为 50 ～ 100 m；明渠进出口应与上下游水流相衔接，与河道主流的交角以小于 30° 为宜；为保证水流畅通，明渠转弯半径应大于 5 倍渠底宽；明渠轴线布置应尽可能缩短明渠长度和避免深挖方。

（2）明渠进出口位置和高程的确定。明渠进出口力求不冲、不淤和不产生回流，可通过水力学模型试验调整进出口形状和位置，以达到这一目的；进口高程按截流设计选择，出口高程一般由下游消能控制；进出口高程和渠道水流流态应满足施工期通航、过木和排冰要求。在满足上述条件下，尽可能抬高进出口高程，以减小水下开挖量。

3. 导流明渠断面设计

（1）明渠断面尺寸的确定。明渠断面尺寸由设计导流流量控制，并受地形、地质和允许抗冲流速影响，应按不同的明渠断面尺寸与围堰的组合，通过综合分析确定。

（2）明渠断面形式的选择。明渠断面一般设计成梯形，渠底为坚硬基岩时，可设计成矩形。有时为满足截流和通航的不同要求，也可设计成复式梯形断面。

（3）明渠糙率的确定。明渠糙率大小直接影响明渠的泄水能力，而影响糙率大小的因素有衬砌材料、开挖方法、渠底平整度等，可根据具体情况查阅有关手册确定。对大型明渠工程，应通过模型试验选取糙率。

4. 明渠封堵

导流明渠结构布置应考虑后期封堵要求。当施工期有通航、过木和排冰任务，明渠较宽时，可在明渠内预设闸门墩，以利于后期封堵。施工期无通航、过木和排冰任务时，应于明渠通水前将明渠坝段施工到适当高程，并设置导流底孔和坝面口，使二者联合泄流。

### （二）隧洞导流

上下游围堰一次拦断河床形成基坑，保护主体建筑物干地施工，天然河道水流全部由导流隧洞宣泄的导流方式称为隧洞导流。

1. 隧洞导流的适用条件

导流流量不大，坝址河床狭窄，两岸地形陡峻，如一岸或两岸地形、地质条件良好，可考虑采用隧洞导流。

2. 导流隧洞的布置

导流隧洞的布置一般应满足以下要求。

（1）隧洞轴线沿线地质条件良好，足以保证隧洞施工和运行的安全。

（2）隧洞轴线宜按直线布置，如有转弯，转弯半径不小于5倍洞径（或洞宽），转角不宜大于60°，弯道首尾应设直线段，长度不应小于3倍洞径（或洞宽）。进出口引渠轴线与河流主流方向夹角宜小于30°。

（3）隧洞间净距、隧洞与永久建筑物间距、洞脸与洞顶围岩厚度均应满足结构和应力要求。

（4）隧洞进出口位置应保证水力学条件良好，并伸出堰外坡脚一定距离，一般距离应大于50 m，以满足围堰防冲要求。进口高程多由截流控制，出口高程由下游消能控制，洞底按需要设计成缓坡或急坡，避免设计成反坡。

3. 导流隧洞断面设计

隧洞断面尺寸的大小取决于设计流量、地质和施工条件，洞径应控制在施工技术和结构安全允许范围内。目前，国内单洞断面尺寸多在200 $m^2$ 以下，单洞泄量不超过2 500 $m^3/s$。

隧洞断面形式取决于地质条件、隧洞工作状况（有压或无压）及施工条件。常用断面形式有圆形、马蹄形、方圆形。圆形多用于高水头处，马蹄形多用于地质条件不良处，方圆形有利于截流和施工。国内外导流隧洞多采用方圆形。

洞身设计中，糙率 $n$ 值的选择是十分重要的问题。糙率的大小直接影响断面的大小，而衬砌与否、衬砌的材料和施工质量、开挖的方法和质量则是影响糙率大小的因素。一般混凝土衬砌糙率值为 0.014 ～ 0.017；不衬砌隧洞的糙率变化较大，光面爆破时为 0.025 ～ 0.032，一般炮眼爆破时为 0.035 ～ 0.044。设计时根据具体条件，查阅有关手册确定。对重要的导流隧洞工程，应通过水工模型试验验证其糙率的合理性。

导流隧洞设计应考虑后期封堵要求，布置封堵闸门门槽及启闭平台设施。有条件者，导流隧洞应与永久隧洞结合，以利于节省投资（如小浪底工程的三条导流隧洞后期改建为三条孔板消能泄洪洞）。一般高水头枢纽，导流隧洞只可能与永久隧洞部分结合，中低水头则有可能全部结合。

### （三）涵管导流

涵管导流一般在修筑土坝、堆石坝工程中采用。

涵管通常布置在河岸岩滩上，其位置在枯水位以上，这样可在枯水期不修围堰或只修一小部分围堰。先将涵管筑好，然后修上下游全段围堰，将河水引经涵管下泄。

涵管一般是钢筋混凝土结构。当有永久涵管可以利用或修建隧洞有困难时，采用涵管导流是合理的。在某些情况下，可在建筑物基岩中开挖沟槽，必要时予以衬砌，然后封上混凝土或钢筋混凝土顶盖，形成涵管。利用这种涵管导流往往可以获得经济可靠的效果。由于涵管的泄水能力较低，一般用在导流流量较小的河流上或只用来担负枯水期的导流任务。

为了防止涵管外壁与坝身防渗体之间的渗流，通常在涵管外壁每隔一定距离设置截流环，以延长渗径，降低渗透坡降，减少渗流的破坏作用。此外，必须严格控制涵管外壁防渗体的压实质量。涵管管身的温度缝或沉陷缝中的止水必须严格施工。

## 二、分段围堰法导流

分段围堰法也称为分期围堰法或河床内导流，是用围堰将建筑物分段、分期围护起来进行施工的方法。

所谓分段，就是从空间上将河床围护成若干个干地施工的基坑段进行施工。所谓分期，就是从时间上将导流过程划分成阶段。导流的分期数和围堰的分段数并不一定相同，因为在同一导流分期中，建筑物可以在一段围堰内施工，也可以同时在不同段内施工。必须指出的是，段数分得越多，围堰工程量愈大，施工也愈复杂；同样，期数分得愈多，工期有可能拖得愈长。因此，在工程实践中，二段二期导流法采用得最多（如葛洲坝水利枢纽工程、三门峡水利枢纽工程等都采用了此法）。只有在比较宽阔的通航河道上施工，不允许断航或其他特殊情况下，才采用多段多期导流法（如三峡工程施工导流就采用二段三期导流法）。

分段围堰法导流一般适用于河床宽阔、流量大、施工期较长的工程，尤其是在通航河流和冰凌严重的河流上。这种导流方法的费用较低，国内外一些大中型水利水电工程采用较多。分段围堰法导流，前期由束窄的原河道导流，后期可利用事先修建好的泄水道导流。常见泄水道的类型有底孔导流、坝体缺口导流等。

### （一）底孔导流

底孔导流利用设置在混凝土坝体中的永久底孔或临时底孔作为泄水道，是二期导流经常采用的方法。导流时让全部或部分导流流量通过底孔宣泄到下游，保证后期工程的施工。若是临时底孔，则在工程接近完工或需要蓄水时，要加以封堵。

采用临时底孔时，底孔的尺寸、数目和布置要通过相应的水力学计算确定。其中，底孔的尺寸在很大程度上取决于导流的任务（过水、过船、过木和过鱼），以及水工建筑物结构特点和封堵用闸门设备的类型。底孔的布置要满足截流、围堰工程及本身封堵的要求。如底坎高程布置较高，截流时落差就大，围堰也高，但封堵时的水头较低，封堵就容易。一般底孔的底坎高程应布置在枯水位之下，以保证枯水期泄水。当底孔数目较多时，可把底孔布置在不同的高程，封堵时从最低高程的底孔堵起，这样可以减小封堵时所承受的水压力。

临时底孔的断面形状多采用矩形，为了改善孔周的应力状况，也可采用有圆角的矩形。按水工结构要求，孔口尺寸应尽量小，但某些工程由于导流流量较大，只好采用尺寸较大的底孔。

底孔导流的优点是挡水建筑物上部的施工可以不受水流的干扰，有利于均衡连续施工，这对修建高坝特别有利。当坝体内设有永久底孔可以用来导流时，更为理想。底孔导流的缺点是：由于坝体内设置了临时底孔，钢材用量增加；如果封堵质量不好，会削弱坝体的整体性，还有可能漏水；在导流过程中，底孔有被漂浮物堵塞的危险；封堵时由于水头较高，安放闸门及止水等均较为困难。

### （二）坝体缺口导流

混凝土坝施工过程中，当汛期河水暴涨暴落，其他导流建筑物不足以宣泄全部流量时，为了不影响坝体施工进度，使坝体在涨水时仍能继续施工，可以在未建成的坝体上预留缺口，以便配合其他建筑物宣泄洪峰流量。待洪峰过后，上游水位回落，再继续修筑缺口。所留缺口的宽度和高度取决于导流设计流量、其他建筑物的泄水能力、建筑物的结构特点及施工条件。采用底坎高程不同的缺口时，为避免高低缺口单宽流量相差过大，产生高缺口向低缺口的侧向泄流，引起压力分布不均匀，需要适当控制高低缺口间的高差。在修建混凝土坝，特别是大体积混凝土坝时，由于这种导流方法比较简单，常被采用。

上述两种导流方式一般只适用于混凝土坝，特别是重力式混凝土坝。至于土石坝或非重力式混凝土坝，采用分段围堰法导流，常与隧洞导流、明渠导流等河床外导流方式相结合。

# 第二节　施工导流挡水建筑物

围堰是导流工程中临时的挡水建筑物，用来围护施工中的基坑，保证水工建筑物能在干地施工。在导流任务结束后，如果围堰对永久建筑物的运行有妨碍或没有考虑作为永久建筑物的一部分，应予拆除。

按所使用的材料，水利水电工程中经常采用的围堰可分为土石围堰、混凝土围堰、钢板桩格形围堰和草土围堰等。

按围堰与水流方向的相对位置，可分为横向围堰和纵向围堰。按导流期间基坑淹没条件，可分为过水围堰和不过水围堰。过水围堰除了需要满足一般围堰的基本要求，还要满足围堰顶过水的专门要求。

选择围堰形式时，必须根据当时、当地的具体条件，在满足下述基本要求的原则下，通过技术、经济比较加以确定。

（1）具有足够的稳定性、防渗性、抗冲性和一定的强度。

（2）造价低，构造简单，修建、维护和拆除方便。

（3）围堰的布置应力求使水流平顺，不发生严重的水流冲刷。

（4）围堰接头和岸边连接都要安全可靠，不致因集中渗漏等破坏作用而引起围堰失事。

（5）必要时，应设置抵抗冰凌、船筏冲击和破坏的设施。

## 一、围堰的基本形式和构造

### （一）土石围堰

土石围堰是水利水电工程中采用最为广泛的一种围堰形式。它是用当地材料填筑而成的，不仅可以就地取材和充分利用开挖弃料作为围堰填料，而且构造简单、施工方便、易于拆除、工程造价低，可以在流水中、深水中、岩基上或有覆盖层的河床上修建。但其工程量较大，堰身沉陷变形也较大。

例如，柘溪水电站的土石围堰，一年中累计沉陷量最大达 40.1 cm，为堰高的 1.75 %，一般为 0.8 % ～ 1.5 %。

因土石围堰断面较大，一般用于横向围堰。但在宽阔河床的分期导流中，由于围堰束窄，河床增加的流速不大，也可作为纵向围堰，但需注意防冲设计，以确保围堰安全。

土石围堰的设计与土石坝基本相同，但其结构形式在满足导流期正常运行的情况下应力求简单，便于施工。

### （二）混凝土围堰

混凝土围堰的抗冲与抗渗能力强，挡水水头高，底宽小，易与永久混凝土建筑物相连接，必要时还可以过水，因此采用得比较广泛。在国外，采用拱形混凝土围堰的工程较多。国内贵州省的乌江渡水电站、湖南省凤滩水电站等水利水电工程也采用过拱形混凝土围堰作为横向围堰，但多数还是以重力式围堰作纵向围堰，如三门峡水利枢纽工程、丹江口水利枢纽工程、三峡水利枢纽工程等。

1. 拱形混凝土围堰

拱形混凝土围堰一般适用于两岸陡峻、岩石坚固的山区河流，常采用隧洞及允许基坑淹没的导流方案。通常围堰的拱座是在枯水期的水面以上施工的。对围堰的基础处理包括：当河床的覆盖层较薄时，需进行水下清基；当覆盖层较厚时，则可灌注水泥浆防渗加固。堰身的混凝土浇筑则要进行水下施工，因此难度较高。在拱基两侧要回填部分砂砾料以利于灌浆，形成阻水帷幕。

拱形混凝土围堰利用了混凝土抗压强度高的特点，与重力式相比，断面较小，可节省混凝土工程量。

2. 重力式混凝土围堰

采用分段围堰法导流时，重力式混凝土围堰往往可兼作第一期和第二期纵向围堰，两侧均能挡水，还能作为永久建筑物的一部分，如隔墙、导墙等。重力式围堰可做成普通的实心式，与非溢流重力坝类似，也可做成空心式，如三门峡水利枢纽工程的纵向围堰。

纵向围堰需抗御高速水流的冲刷，所以一般修建在岩基上。为保证混凝土的施工质量，一般可将围堰布置在枯水期出露的岩滩上。如果这样还不能保证干地施工，则通常需另修土石低水围堰加以围护。

重力式混凝土围堰现在有普遍采用碾压混凝土的趋势，如三峡水利枢纽工程三期上游横向围堰及纵向围堰均采用碾压混凝土。

### （三）钢板桩格形围堰

钢板桩格形围堰是重力式挡水建筑物，由一系列彼此相接的格体构成。按照格体的平面形状，可分为圆筒形格体、扇形格体和花瓣形格体。这些形式适用于不同的挡水高度，应用较多的是圆筒形格体，它由许多钢板桩通过锁口互相连接而成为格形整体。钢板桩的锁口有握裹式、互握式和倒钩式三种。格体内填充透水性强的填料，如砂、砂卵石或石渣等。在向格体内填料时，必须保持各格体内的填料表面大致均衡上升，因为高差太大会使格体变形。

钢板桩格形围堰的优点有坚固、抗冲、抗渗、围堰断面小、便于机械化施工、钢板桩的回收率高（可超过 70 %），尤其适用于在束窄度大的河床段作为纵向围堰。但由于需要大量的钢材，且施工技术要求高，在我国，目前钢板桩格形围堰仅应用于大型工程中。

圆筒形格体钢板桩围堰一般适用的挡水高度小于 18 m，可以建在岩基上或非岩基上。圆筒形格体钢板桩围堰也可作为过水围堰。

圆筒形格体钢板桩围堰的修建由定位、打设模架支柱、模架就位、安插钢板桩、打设钢板桩、填充料渣、取出模架及其支柱和填充料渣到设计高程等工序组成。

圆筒形格体钢板桩围堰一般需在流水中修筑，受水位变化和水面波动的影响较大，故施工难度较大。

### （四）草土围堰

草土围堰是一种以麦草、稻草、芦柴、柳枝和土为主要原料的草土混合结构。这种围堰主要用于黄河流域的渠道堵口工程中。1949年后，在青铜峡、盐锅峡、八盘峡、黄坛口等水利枢纽工程中均得到应用。草土围堰施工简单、速度快、取材容易、造价低、拆除方便，具有一定的抗冲、抗渗能力，堰体的容重较小，特别适用于软土地基。但这种围堰不能承受较大的水头，所以仅限水深不超过6 m、流速不超过3.5 m/s、使用期在两年以内的工程。草土围堰的施工方法比较特殊，就其实质来说也是一种进占法，按其施工条件可分为水中填筑和干地填筑两种。由于草土围堰本身的特点，水中填筑质量比干地填筑容易保证，这是与其他围堰不同的。实践中的草土围堰普遍采用捆草法施工。

## 二、围堰的平面布置

围堰的平面布置主要包括围堰内基坑范围确定和分期导流纵向围堰布置两项内容。

### （一）围堰内基坑范围确定

围堰内基坑范围大小主要取决于主体工程的轮廓和相应的施工方法。当采用一次拦断法导流时，围堰基坑是由上下游围堰和河床两岸围成的；当采用分期导流时，围堰基坑由纵向围堰与上下游横向围堰围成。在上述两种情况下，上下游横向围堰的布置都取决于主体工程的轮廓。通常基坑坡趾距离主体工程轮廓的距离不应小于30 m，以便布置排水设施、布置交通运输道路、堆放材料和模板等。至于基坑开挖边坡的大小，则与地质条件有关。当纵向围堰不作为永久建筑物的一部分时，基坑坡趾距离主体工程轮廓的距离一般不小于2 m，以便布置排水导流系统和堆放模板，如果无此要求，只需留0.4 ～ 0.6 m。至于基坑开挖边坡的大小，则与地质条件有关。

实际工程的基坑形状和大小往往是很不相同的。有时，可以利用地形减小围堰的高度和长度；有时，为照顾个别建筑物施工的需要，可以将围堰轴线布置成折线形；有时，为了避开岸边较大的溪沟，也采用折线布置。为了保证基坑开挖和主体建筑物的正常施工，基坑范围应当有一定富余。

### （二）分期导流纵向围堰布置

在分期导流方式中，纵向围堰布置是施工中的关键问题，选择纵向围堰位置，实际上就是要确定适宜的河床束窄度。束窄度就是天然河流过水面积被围堰束窄的程度，一般可用下式表示：

$$K=\frac{A_2}{A_1}\times 100\ \% \qquad (2\text{-}1)$$

式中：$K$—— 河床的束窄度，一般取值为 47 % ～ 68 %；

$A_1$—— 原河床的过水面积，$m^2$；

$A_2$—— 围堰和基坑所占据的过水面积，$m^2$。

适宜的纵向围堰位置与以下主要因素有关。

1. 地形、地质条件

河心洲、浅滩、小岛、基岩露头等都是可供布置纵向围堰的有利条件，这些部位便于施工，并有利于防冲保护。例如，三门峡水利枢纽工程曾巧妙地利用了河心的几个礁岛来布置纵横围堰。

2. 水工布置

尽可能利用厂坝、厂闸、闸坝等建筑物之间的隔水导墙作为纵向围堰的一部分。例如，葛洲坝水利枢纽工程就利用了厂闸导墙，三峡、三门峡、丹江口水利枢纽工程则利用厂坝导墙作为二期纵向围堰的一部分。

3. 河床允许束窄度

河床允许束窄度主要与河床地质条件和通航要求有关。对于非通航河道，如河床易冲刷，一般允许河床产生一定程度的变形，只要能保证河岸、围堰堰体和基础免受淘刷即可。束窄流速常允许为 3 m/s 左右，岩石河床允许束窄度主要视岩石的抗冲流速而定。

对于一般性河流和小型船舶，当缺乏具体研究资料时，可参考以下数据：当流速小于 2 m/s 时，机动木船可以自航；当流速小于 3 m/s，且局部水面集中落差不大于 0.5 m 时，拖轮可自航；木材流放最大流速可考虑为 4 m/s。

4. 导流过水要求

进行一期导流布置时，不但要考虑束窄河道的过水条件，而且要考虑二期截流与导流的要求。主要应考虑的问题是，一期基坑中能否布置下宣泄二期导流流量的泄水建筑物，由一期转入二期施工时的截流落差是否太大。

5. 施工布局的合理性

各期基坑中的施工强度应尽量均衡。一期工程施工强度可比二期低些，但不宜相差太悬殊。如有可能，分期、分段数应尽量少一些。导流布置应满足总工期的要求。

以上五个方面，仅仅是选择纵向围堰位置时应考虑的主要问题。如果天然河槽呈对称形状，没有明显有利的地形地质条件可供利用，可以通过经济比较方法选定纵向围堰的适宜位置，使一、二期总的导流费用最小。

分期导流时，上下游围堰一般不与河床中心线垂直，围堰的平面布置常呈梯形，既可使水流顺畅，同时也便于运输道路的布置和衔接。当采用一次拦断法导流时，上下游围堰不存在突出的绕流问题，为了减少工程量，围堰多与主河道垂直。

纵向围堰的平面布置形状对过水能力有较大影响，但是围堰的防冲安全通常比前者更重要。实践中常采用流线型和挑流式布置。

## 三、围堰的拆除

围堰是临时建筑物，导流任务完成后，应按设计要求拆除，以免影响永久建筑物的施工及运转。例如，在采用分段围堰法导流时，第一期横向围堰的拆除如果不合要求，就会增加上下游水位差，从而增加截流工作的难度，增加截流料物的质量及数量。

土石围堰相对来说断面较大，拆除工作一般是在运行期限的最后一个汛期过后，随上游水位的下降，逐层拆除围堰的背水坡和水上部分。但必须保证依次拆除后残留的断面能继续挡水和维持稳定，以免发生安全事故，使基坑过早淹没，影响施工。土石围堰的拆除一般可用挖土机开挖或爆破开挖等方法。

钢板桩格形围堰的拆除，要先用抓斗或吸石器将填料清除，然后用拔桩机起拔钢板桩。混凝土围堰一般只能用爆破法炸除，但应注意，必须使主体建筑物或其他设施不受爆破危害。

## 第三节　施工导流泄水建筑物

导流泄水建筑物是用以排放多余水量、泥沙和冰凌等的水工建筑物，具有安全排洪、放空水库的功能。对水库、江河、渠道或前池等的运行起“太平门”的作用，也可用于施工导流。溢洪道、溢流坝、泄水孔、泄水隧洞等是泄水建筑物的主要形式，和坝结合在一起的称为坝体泄水建筑物，设在坝身以外的常统称为岸边泄水建筑物。泄水建筑物是水利枢纽的重要组成部分，其造价常占工程总造价的很大部分。所以，合理选择泄水建筑物形式，以及确定其尺寸十分重要。泄水建筑物按其进口高程可布置成表孔、中孔、深孔或底孔。表孔泄流与进口淹没在水下的孔口泄流，因为泄流量分别与 $3H/2$ 和 $H/2$ 成正比（$H$ 为水头），所以在同样水头时，前者具有较大的泄流能力，方便可靠，是溢洪道及溢流坝的主要形式。深孔及隧洞一般不作为大泄量水利枢纽的单一泄洪建筑物。葛洲坝水利枢纽二江泄水闸泄流能力为 84 000 $m^3/s$，加上冲沙闸和水电站，总泄洪能力达 110 000 $m^3/s$，是目前世界上泄流能力较大的水利枢纽工程。

泄水建筑物的设计主要应确定：①水位和流量；②系统组成；③位置和轴线；④孔口形式和尺寸。总泄流量、枢纽各建筑物应承担的泄流量、形式选择和尺寸根据当地水文、地质、地形，以及对枢纽布置和施工导流方案的系统分析与经济比较决定。对于多目标或高水头、窄河谷、大流量的水利枢纽，一般可选择采用表孔、中孔或深孔，或者坝身与坝体外泄流、坝与厂房顶泄流等联合泄水方式。我国贵州省乌江渡水电站采用隧洞、坝身泄水孔、水电站、岸边滑雪式溢洪道和挑越厂房顶泄洪等组合形式，在 165 m 坝高、窄河谷、喀斯特和软弱地基条件下，最大泄流能力达 21 350 $m^3/s$。通过大规模原型观测和多年运行确认，该工程泄洪效果好，枢纽布置比较成功。修建泄水建筑物，关键是要解决好消能防冲、防空蚀、抗磨损的问题。对于较轻型建筑物或结构，还应防止泄水时的振动。泄水建筑物设计和运行实践的发展与结构力学和水力学的发展密切相关。近年来，高水头窄河谷宣泄大流量、高速水流压力脉动、高含沙水流泄水、大流量施工导流、高水头闸门技术的进展，以及抗震、减振、掺气减蚀、高强度耐蚀耐磨材料的开发，对泄水建筑物设计、施工、运行水平的提高起了很大的推动作用。

## 第四节　基坑降排水

修建水利水电工程时，在围堰合龙闭气以后，就要排除基坑内的积水和渗水，使基坑处于基本干燥状态，以利于基坑开挖、地基处理及建筑物的正常施工。

基坑排水工作按排水时间及性质，一般可分为如下两类。

（1）基坑开挖前的初期排水，包括基坑积水、基坑积水排除过程中的围堰堰体与基础渗水、堰体及基坑覆盖层的含水，以及可能出现的降水的排除。

（2）基坑开挖及建筑物施工过程中的经常性排水，包括围堰和基坑渗水、降水及施工弃水的排除。

按排水方法分，有明式排水和人工降低地下水位两种。

### 一、明式排水

#### （一）排水量的确定

1. 初期排水排水量估算

初期排水主要包括基坑积水、围堰与基坑渗水两部分。对于降雨，因为初期排水是在围堰或截流戗堤合龙闭气后立即进行的，通常是在枯水期内，而枯水期降雨很少，所以一般可不予考虑。除积水和渗水，有时还需考虑填方和基础中的饱和水。

基坑积水体积可按基坑积水面积和积水深度计算，这是比较容易的，但是排水时间 $T$ 的确定就比较复杂。排水时间 $T$ 主要受基坑水位下降速度的限制，基坑水位的允许下降速度视围堰种类、地基特性和基坑内水深而定。水位下降太快，则围堰或基坑边坡中动水压力变化过大，容易引起坍坡；水位下降太慢，则影响基坑开挖时间。一般认为，土石围堰的基坑水位下降速度应限制在每天 0.5 ～ 0.7 m，木笼及板桩围堰等应小于每天 1.0 m。初期排水时间，大型基坑一般可为 5 ～ 7 天，中型基坑一般不超过 3 天。

通常，当填方和覆盖层体积不太大，在初期排水且基础覆盖层尚未开挖时，可不必计算饱和水的排除。如需计算，可按基坑内覆盖层总体积和孔隙率估算饱和水总水量。

按以上方法估算初期排水流量，选择抽水设备，往往很难符合实际。在初期排水过程中，可以通过试抽法进行校核和调整，并为经常性排水计算积累一些必要资料。试抽时，如果水位下降很快，则显然是所选择的排水设备容量过大，此时应关闭一部分排水设备，使水位下降速度符合设计规定。试抽时，若水位不变，则显然是设备容量过小或有较大渗漏通道，此时应增加排水设备容量或找出渗漏通道予以堵塞，然后进行抽水。还有一种情况是水位降至一定深度后就不再下降，说明此时排水流量与渗流量相等，据此可估算出需增加的设备容量。

2. 经常性排水排水量的确定

经常性排水的排水量主要包括围堰和基坑的渗水、降雨、地基岩石冲洗及混凝土养护用废水等。设计中一般考虑两种不同的组合，从中择其大者，以选择排水设备。一种组合是渗水加降雨，另一种组合是渗水加施工废水。降雨和施工废水不必组合在一起，因为二者不会同时出现，如果全部叠加在一起，显然太保守。

（1）降雨量的确定。在基坑排水设计中，对降雨量的确定尚无统一的标准。大型工程可采用二十年一遇三日降雨中最大的连续降雨量，再减去估计的径流损失值（每小时 1 mm），作为降雨强度。也有工程采用日最大降雨强度。基坑内的降雨量可根据上述方法计算降雨强度和基坑集雨面积求得。

（2）施工废水。施工废水主要考虑混凝土养护用水，其用水量估算应根据气温条件和混凝土养护的要求而定。一般初估时，可按每立方米混凝土每次用水 5 L、每天养护 8 次计算。

### （二）基坑排水布置

基坑排水系统的布置通常应考虑两种不同情况，一种是基坑开挖过程中的排水系统布置，另一种是基坑开挖完成后修建建筑物时的排水系统布置。布置时，应尽量同时兼顾这两种情况，并且使排水系统尽可能不影响施工。

基坑开挖过程中的排水系统布置，应以不妨碍开挖和运输工作为原则。一般将排水干沟布置在基坑中部，以利于两侧出土，随着基坑开挖工作的进展，逐渐加深排水干沟和支沟。通常保持干沟深度为 1 ～ 1.5 m，支沟深度为 0.3 ～ 0.5 m。集水井多布置在建筑物轮廓线外侧，井底应低于干沟沟底。但是，由于基坑坑底高程不一，有的工程就采用层层设截流沟、分级抽水的办法，即在不同高程上分别布置截水沟、集水井和水泵站，进行分级抽水。

建筑物施工时的排水系统通常都布置在基坑四周。排水沟应布置在建筑物轮廓线外侧，且距离基坑边坡坡脚不少于 0.5 m。排水沟的断面尺寸和底坡大小取决于排水量的大小，一般排水沟底宽不小于 0.3 m，沟深不大于 1 m，底坡不小于 2 ‰。密实土层中，排水沟可以不用支撑，但在松土层中，则需用木板或麻袋装石来加固。

水经排水沟流入集水井后，利用在井边设置的水泵站，将水从集水井中抽出。集水井布置在建筑物轮廓线以外较低的地方，它与建筑物外缘的距离必须大于井的深度。井的容积至少要能保证水泵停止抽水 15 分钟后，井水不漫溢。集水井可为长方形，边长为 1.5 ～ 2 m，井底高程应低于排水沟底 1 ～ 2 m。在土中挖井，其底面应铺填反滤料。在密实土中，井壁用框架支撑；在松软土中，井壁利用板桩加固。如板桩接缝漏水，需在井壁外设置反滤层。集水井不仅可用来集聚排水沟的水量，而且应有澄清水的作用，因为水泵的使用年限与水中含沙量有关，为了保护水泵，集水井宜稍微偏大、偏深一些。

为防止降雨时地面径流进入基坑而增加抽水量，通常在基坑外缘边坡上挖截水沟，以拦截地面水。截水沟的断面及底坡应根据流量和土质而定，一般沟宽和沟深不小于 0.5 m，底坡不小于 2 %，基坑外地面排水系统最好与道路排水系统相结合，以便自流排水。为了降低排水费用，当基坑渗水水质符合饮用水或其他施工用水要求时，可将基坑排水与生活、施工供水相结合。丹江口水利枢纽工程的基坑排水就直接引入供水池，供水池上设有溢流闸门，多余的水则溢入江中。

明式排水系统最适用于岩基开挖。对砂砾石或粗砂覆盖层，在渗透系数 $K_s>2\times10^{-1}$ cm/s，且围堰内外水位差不大的情况下也可用。在实际工程中也有超出上述界限的，如丹江口水利枢纽工程的细砂地基，渗透系数约为 $2\times10^{-2}$ cm/s，采取适当措施后，明式排水也取得了成功。不过，一般认为当 $K_s<10^{-1}$ cm/s 时，以采用人工降低地下水位法为宜。

## 二、人工降低地下水位

经常性排水过程中，为了保持基坑开挖工作始终在干地进行，常常要多次降低排水沟和集水井的高程，变换水泵站的位置，这会影响开挖工作的正常进行。此外，在开挖细砂土、沙壤土一类地基时，随着基坑底面的下降，坑底与地下水位的高差愈来愈大，在地下水渗透压力作用下，容易发生边坡滑脱、坑底隆起等事故，甚至危及邻近建筑物的安全，给开挖工作带来不良影响。

采用人工降低地下水位，可以改变基坑内的施工条件，防止流砂现象的发生，基坑边坡可以陡些，从而大大减少挖方量。人工降低地下水位的基本做法是：在基坑周围钻设一些井，地下水渗入井中，随即被抽走，使地下水位线降到开挖的基坑底面以下，一般应使地下水位降到基坑底部 0.5 ～ 1 m 处。

人工降低地下水位的方法按排水工作原理可分为管井法和井点法两种。管井法是单纯重力作用排水，适用于渗透系数为 10 ～ 250 m/d 的土层；井点法还附有真空或电渗排水的作用，适用于渗透系数为 0.1 ～ 50 m/d 的土层。

### （一）管井法降低地下水位

管井法降低地下水位时，在基坑周围布置一系列管井，管井中放入水泵的吸水管，地下水在重力作用下流入井中，被水泵抽走。管井法降低地下水位时，须先设置管井，通常采用下沉钢管，在缺乏钢管时也可用木管或预制混凝土管代替。

井管的下部安装滤水管节（滤头），有时在井管外还需设置反滤层，地下水从滤水管进入井内，水中的泥沙则沉淀在沉淀管中。滤水管是井管的重要组成部分，其构造对井的出水量和可靠性影响很大。要求它过水能力大，进入的泥沙少，有足够的强度和耐久性。

井管埋设可采用射水法、振动射水法及钻孔法下沉。射水法下沉时，首先用高压水冲土下沉套管，较深时可配合振动或锤击（振动水冲法），其次在套管中插入井管，最后在套管与井管的间隙填反滤层并拔套管，反滤层每填高一次便拔一次套管，逐层上拔，直至完成。

管井中抽水可应用各种抽水设备，主要是普通离心式水泵、潜水泵和深井水泵，分别可降低水位 3 ～ 6 m、6 ～ 20 m 和 20 m 以上，一般采用潜水泵较多。用普通离心式水泵抽水，由于吸水高度的限制，当要求降低的地下水位较深时，要分层设置管井、分层进行抽水。

在要求大幅度降低地下水位的深井中抽水时，最好采用专用的离心式深井水泵。每个深井水泵都是独立工作的，井的间距也可以加大。深井水泵一般深度大于 20 m，排水效率高，需要井数少。

### （二）井点法降低地下水位

井点法与管井法不同，它把井管和水泵的吸水管合二为一，简化了井的构造。井点法降低地下水位的设备，根据其降深能力分为轻型井点（浅井点）和深井点等。其中，最常用的是轻型井点，是由井管、集水总管、普通离心式水泵、真空泵和集水箱等设备组成的排水系统。

轻型井点系统的井点管为直径 38 ～ 50 mm 的无缝钢管，间距为 0.6 ～ 1.8 m，最大可达 3 m。地下水从井管下端的滤水管借真空泵和水泵的抽吸作用流入管内，沿井管上升汇入集水总管，流入集水箱，由水泵排出。轻型井点系统开始工作时，先开动真空泵，排除系统内的空气，待集水箱内的水面上升到一定高度后，再启动水泵排水。水泵开始抽水后，为了保持系统内的真空度，仍需真空泵配合水泵工作，这种井点系统也叫真空井点。井点系统排水时，地下水位的下降深度取决于集水箱内的真空度与管路的漏气情况和水头损失。一般集水箱内真空度为 80 kPa，相应的吸水高度为 5 ～ 8 m，扣除各种损失后，地下水位的下降深度为 4 ～ 5 m。

当要求地下水位降低的深度超过 5 m 时，可以像管井一样分层布置井点，每层控制范围为 3 ～ 4 m，但以不超过 3 层为宜。分层太多，基坑范围内管路纵横，妨碍交通，影响施工，同时增加挖方量。而且，当上层井点发生故障时，下层水泵能力有限，地下水位回升，基坑有被淹没的可能。

真空井点抽水时，在滤水管周围形成一定的真空梯度，加快了土层的排水速度，因此即使在渗透系数小的土层中也能进行工作。

布置井点系统时，为了充分发挥设备能力，集水总管、集水管和水泵应尽量接近天然地下水位。当需要几套设备同时工作时，各套的总管之间最好接通，并安装开关，以便相互支援。

井管的安设，一般用射水法下沉。距孔口 1 m 范围内，应用黏土封口，以防漏气。排水工作完成后，可利用杠杆将井管拔出。

深井点与轻型井点不同，它的每一根井管上都装有扬水器（水力扬水器或压气扬水器），因此它不受吸水高度的限制，有较大的降深能力。

深井点有喷射井点和压气扬水井点两种。喷射井点由集水池、高压水泵、输水干管和喷射井管等组成。通常一台高压水泵能为 30 ～ 35 个井点服务，其最适宜的降水位范围为 5 ～ 18 m。喷射井点的排水效率不高，一般用于渗透系数为 3 ～ 50 m/d、渗流量不大的场合。压气扬水井点用压气扬水器进行排水，排水时压缩空气由输气管送来，由喷气装置进入扬水管，于是管内容重较轻的水气混合液在管外水压力的作用下，沿水管上升到地面排走。为达到一定的扬水高度，就必须将扬水管沉入井中，有足够的潜没深度，使扬水管内外有足够的压力差。压气扬水井点降低地下水位最大可达 40 m。

# 第三章　土石坝

## 第一节　土石坝的特点和类型

### 一、土石坝的特点

土石坝具有很多优点，其最显著的优点是可以就地、就近取材，节省大量的水泥、木材和钢材，减少运输费用。土石坝能适应各种不同的地形地质条件和气候条件，有着悠久的历史和丰富的建造经验。现代岩石（土）力学理论、试验手段和计算技术的发展使土石坝设计的安全可靠性得到了极大的提高；大容量、高效率施工机械的发展降低了土石坝的建坝造价，提高了土石坝的施工质量；高边坡、地下工程结构、高速水流消能防冲等工程设计和施工技术的不断进步促进了土石坝（尤其是高土石坝）的建设和推广。

#### （一）坝体、坝基的透水性

土石坝挡水后，由于上下游水位差的作用，渗水将从上游经坝体和坝基的颗粒孔隙向下游渗透。如果渗透性过大，不仅使水库的水量大量流失，而且还会引起坝体或坝基产生管涌、流土等渗透变形，严重者可导致溃坝事故。就土石坝而言，以坝体浸润线为界，界面以上的土体处于非饱和状态，以下的土体则呈饱和状态。饱和状态下的土体，承受着渗透压力的作用，其抗剪强度指标也相应降低，对坝坡稳定不利。为此，应设置防渗和排水措施，以减少水库的渗漏损失和保证坝坡的稳定性。

#### （二）土石坝的局部失稳破坏

由于土石坝利用的是松散的土石料填筑，坝体剖面需要做成上下游边坡较平缓的梯形断面，因此它的断面面积一般都较庞大。由于其由松散颗粒组成，失稳以局部坝坡坍塌的形式出现。当坝坡太陡或土体的抗剪强度指标较小时，在渗透压力和土体上部重力的作用下，局部坝坡土体（包括坝基土体）将向坡外滑移，简称“滑坡”。为了保持坝体稳定，需要设置较平缓的上下游坝坡。因此，应根据坝址的地形、地质条件和筑坝材料等因素选择适宜的坝坡，使坝体在保证安全稳定的前提下做到经济合理。

### （三）抗冲性能差

由于坝体材料都是松散的颗粒，整体性差，当洪水漫过坝顶时，水流必然会挟带土粒流失，从而引起坝体局部破坏或整体溃决。同时，水面的激荡波动也将对坝坡产生淘刷作用。波浪的起落必然导致坡面土料的流失和坍塌，削弱坝体剖面尺寸，对坝体稳定造成影响。因此，在设计中，不仅要求坝体应有足够的超高，坝坡应有相应的防冲措施，还应保证泄洪措施有足够的泄洪能力。

### （四）坝体沉陷量大

由于坝体土料、石料之间存在孔隙，坝体是可压缩的。尽管在筑坝时要求分层填筑、逐层压实，但坝体的沉陷仍然是不可避免的。当坝基为土基时，沉陷值将更大。过大的沉陷将会降低坝顶的设计高程，而不均匀的沉陷将使坝体产生纵向、横向和各种走向的裂缝，危及坝身安全。观测资料表明，竣工后的坝体沉陷仍有坝高的 0.5 % ～ 1 %。因此，在设计坝顶高程时应适当考虑预留沉陷值。

## 二、土石坝的类型

土石坝的类型多种多样，可按不同的指标进行分类，常见的分类方法如下。

（1）按施工方式分类

土石坝按施工方式的不同可分为以下四种。

①碾压式土石坝。碾压式土石坝采用机械将土料分层碾压密实，是目前应用最广泛的施工方法。

②水力冲填坝。水力冲填坝是利用水力和简易的水力机械完成土料开采、运输和填筑等主要工序而筑成的坝型。具体地说，水力冲填坝是用高压水枪驱动高压水流向料场的土料喷射冲击，使之成为泥浆，然后通过泥浆泵和输浆管把浆液输送到坝体预定位置分层淤积、沉淀、排水和固结后形成的坝型。我国西北地区创造的水坠坝与这种坝型的施工原理相似，其料场位于坝顶高程以上的山体，泥浆输送是利用浆液的重量经沟渠自流到坝面，因此有学者也把水坠坝归类为水力冲填坝。这种坝型因施工质量难以保证，在高坝中很少应用。

③水中倒土坝。水中倒土坝是指先在坝址处修筑围埂形成水池，然后在静水中填土使其自行崩解压密、逐步填筑升高坝体。

④定向爆破土石坝。定向爆破土石坝是在坝肩山体的预定位置开挖洞室，埋放炸药，引爆后使土石料按照物体平抛运动的轨迹抛到预定的设计位置，完成大部分坝体填筑，再经过加高修复而形成的坝型。这种筑坝方法由于爆破力很大，可能造成坝址附近地质构造破坏等方面的问题，因而一般采用较少。

国内有的中小型土石坝工程施工采用水力冲填坝、水中倒土坝方式。

（2）按坝体材料的组合和防渗体的相对位置分类

按坝体材料的组合和防渗体的相对位置不同，土石坝可分为以下两种。

①均质坝。坝体基本由透水性小的土料填筑而成，一般采用透水性较小的砂质黏土或壤土，也可以采用几种土料配置的混合料，不需设置专门的防渗设备。

②分区坝。由土质防渗体和若干种透水性不同的土石料分区填筑而成。在坝体中央采用弱透水性土料，自中央向上下游侧的土石料透水性逐渐增大，称为心墙坝。上游侧坝体采用弱透水性土料做成防渗斜墙，坝主体采用较透水的土料（其透水性可由上游向下游侧逐渐增大），称为斜墙坝。

（3）按坝体材料分类

按坝体材料的不同土石坝可分为以下两种。

①土坝。土坝主要由土料填筑而成。

②堆石坝。坝体材料中砂砾料含量在 70 % 以上（起骨架作用）的坝。

## 三、土石坝的设计原则及要求

土石坝的设计原则及要求主要有以下六点。

（1）坝身不能泄洪。土石坝枢纽中应按洪水标准设置容量足够大的泄洪建筑物，绝对不允许因洪水漫顶而造成事故。

（2）需有适宜的坝坡以维持坝坡及坝基的稳定性。

（3）应设置良好的防渗和排水措施，以控制渗流及防止坝体产生渗透变形。渗流在坝体内产生的自由水面线称为浸润线。渗流的危害主要有三点：导致水库的水量损失；减轻了坝体渗流区内土体的有效重量，对坝坡的稳定不利；使渗流逸出处的土体产生渗透破坏。渗流的防治方法是设置防渗和排水设施。

（4）应根据现场的土料条件选择好土料的填筑标准以防止发生过大的沉陷，施工压实过程中应完成 70 % ～ 80 % 的总沉降量。

（5）应采取适当的构造措施以保护坝顶、坝坡免受自然破坏，从而提高土石坝运行的可靠性和耐久性。

（6）应提高土石坝的机械化施工水平。

# 第二节　土石坝的剖面与构造

土石坝的剖面尺寸应先根据坝高和坝等级、筑坝材料、坝型、坝基情况，以及施工、运行等条件，参照已建工程经验，初步拟定坝顶高程、坝顶宽度和坝坡，然后再通过渗流、稳定分析确定合理的剖面尺寸。

## 一、坝顶高程设计

坝顶高程应为水库静水位加坝顶超高，坝顶超高可按下式计算：

$$y=R+e+A \tag{3-1}$$

式中：$y$—— 坝顶超高，m；

$R$—— 最大波浪在坝坡上的爬高，m；

$A$—— 安全加高，m。

对于设有防渗体的土石坝，防渗体顶部在静水位以上也应有一定的超高，并预留竣工后沉降量。具体要求是：在正常运用情况下，心墙坝超高值取 0.3 ～ 0.6 m，斜墙坝取 0.6 ～ 0.8 m；在非常运用情况下，防渗体顶部应不低于相应的静水位。

当坝顶上游侧设有稳定、坚固和不透水且与防渗体紧密结合的防浪墙时，坝顶高程要求可改为对防浪墙墙顶的高程要求。此时，在正常运用情况下，坝顶最少应高出相应的静水位 0.5 m；在非常运用情况下，坝顶应不低于相应的静水位。

这里应指出，确定坝顶高程应分别按正常运用和非常运用情况计算，取其最大值作为设计坝顶高程。当坝址地震烈度大于 6 度时，还应考虑地震的影响。

## 二、坝顶宽度

坝顶宽度取决于交通、防汛、施工及其他专门性要求。当坝顶有交通要求时，应按中华人民共和国交通运输部的有关规定执行。如无特殊要求，对于高坝，坝顶宽度可为 10 ～ 15 m；对于中低坝，可为 5 ～ 10 m。

## 三、坝坡

土石坝坝坡选择原则主要有以下五点。

（1）在满足稳定要求的前提下应尽可能采用较陡的坝坡以减少工程量。

（2）由于上游坝坡长期处于饱和状态，同时受水库水位骤降影响，因此上游坝坡应缓于下游坝坡。

（3）从坝体上部到下部，坝坡应逐步放缓以满足抗渗稳定和结构稳定的要求。

（4）心墙坝两侧坝壳采用非黏性土料时（其土体颗粒的内摩擦角较大、透水性大），上下游坝坡可陡些，但若坝体剖面较小会对施工产生较大干扰。斜墙坝上游坝坡应缓于心墙坝的上游坝坡，斜墙坝施工干扰小，但斜墙易断裂渗水。均质坝的坝体应采用均匀的黏性或壤土土料。该类土料土体颗粒的内摩擦角较小、透水性小，其上下游坝坡需缓些，虽然坝体剖面较大但施工最简单。

（5）应适当设置马道和排水沟，用以拦截雨水及防止坝面冲刷。土石坝的坝坡大小主要取决于坝型、坝高、坝基和坝体材料性质，以及工作条件等因素，一般可参照已建工程初步拟定，然后由稳定计算确定合理的坝坡。从坝型分析，碾压式土石坝的坝坡可比水力冲填坝、水中填土坝陡些，黏性土均质坝坝坡可比非黏性土分区坝缓些。从坝面工作条件分析，上游坝坡长期浸水，并将承受库水位骤降的影响，因而在土料相同的情况下，上游坝坡应比下游缓些。从坝基条件分析，岩基坝坡可比土基陡些。此外，沿土石坝剖面不同高程部位的坝坡也应不同，一般在坝顶附近的坝坡宜陡些，向下逐级变缓，每级高度为 15 ～ 20 m，相邻坡率差不宜大于 0.25。常用的坝坡一般取 1/2 ～ 1/4。

为了方便检修、观测和拦截雨水，土石坝一般在下游坝面变坡处设置一定宽度的马道，并在马道上游面设排水沟。马道的宽度视其用途而定，一般取 1.5 ～ 2 m。均质坝和土质防渗体分区坝上游坝面宜少设马道，非土质防渗体分区坝（面板坝）上游不宜设马道。

## 四、土石坝的构造设计

对满足抗渗和稳定要求的土石坝，需进一步通过构造设计来保证坝的安全和正常运用。土石坝的构造主要包括坝顶、护坡、防渗体和排水设施四个部分。

### （一）坝顶

坝顶可采用碎石、单层砌石、沥青或混凝土护面，4、5 级的土石坝也可以用草皮护面。当坝顶有交通要求时，坝顶护面应满足公路路面的有关规定。

为了排除降雨积水，坝顶护面可向上、下游侧放坡，坡度可根据坝址降雨强度在 2 % ～ 3 % 选择，并做向下游的排水系统。

坝顶上游侧宜布置防浪墙，墙顶应高于坝顶 1.00 ～ 1.20 m，墙底必须与防渗体紧密结合。防浪墙应做成坚固不透水的结构，其尺寸应根据稳定和强度条件确定，并设置变形伸缩缝，做好止水措施。

对于高坝或兼顾旅游功能的土石坝，下游侧或不设防浪墙的上游侧应设置栏杆等安全防护措施，特别是有旅游功能或位于城镇区域的土石坝，应按运用要求设置照明设施，建筑艺术处理应美观大方，并与周围环境相互协调。

### （二）护坡

土石坝的上、下游坝面通常都要设置护坡。设置护坡的目的是，保护上游坝坡免受波浪淘刷、顺坡水流冲刷、冰层和漂浮物等的危害作用，使下游坝坡免遭雨水、冻胀干裂等主要因素的破坏作用。此外，还有防止无黏性土料被大风吹散，蛇、鼠和土栖白蚁等野生动物在坝坡中挖洞造穴对坝坡造成的危害作用。因此，坝坡表面为土、砂、砂砾石等土石料填筑时，应设置专门的护坡。

1. 上游护坡

上游坝面工作条件较差，应选择有足够抗冲能力的护坡。我国已建造的土石坝，多采用堆石、干砌石和浆砌石护坡，近年来混凝土护坡采用的也不少。堆石坝广泛采用堆石或抛石护坡，即在堆石填筑面上用推土机或抓石机将超径大块石置于上游坡面，这样有利于机械化施工，可缩短工期，而且保证安全，有条件的土石坝可采用这种护坡形式。

干砌石护坡根据波浪大小可做成单层或双层，单层厚度为 0.3 ～ 0.5 m，双层厚度为 0.4 ～ 0.6 m。当护坡与坝体土料之间不满足反滤要求时，护坡底面需设碎石或砾石垫层，防止库水位降落和波浪对坝坡的淘刷，垫层厚度一般为 0.15 ～ 0.25 m，并满足反滤要求和不冻要求。

浆砌石护坡与干砌石类似，只是在块石之间充填砂浆或细石混凝土，一般适用于波浪较高、压力较大、若采用干砌石护坡容易被冲坏的情况。由于浆砌石护坡稳定性相对较好，其厚度可比干砌石护坡酌情减小。

混凝土护坡过去在国外应用甚广，一般采用方形（5 ～ 20）m×（5 ～ 20）m，厚度为 15 ～ 20 cm 的现浇板块。近年来，我国也使用不少，效果较好，在石料缺乏的地区可考虑采用。我国采用的混凝土或钢筋混凝土护坡有现浇和预制两种形式，厚度一般为 15 ～ 20 cm。对于平面尺寸，现浇式有（10 ～ 15）m×（10 ～ 15）m，预制式有（1.5 ～ 3.0）m×（1.5 ～ 3.0）m 板块，或厚度约为 10 cm 的六角形预制。其他形式的护坡，如沥青混凝土护坡和水泥土护坡，可参考有关文献论述，在此不再赘述。

2. 下游坝坡

下游坝坡工作条件相对上游坝坡好些，一般宜简化设置。下游护坡形式一般有草皮护坡、单层干砌石护坡、卵石或碎石护坡和钢筋混凝土框格填石护坡等。

草皮护坡是均质坝常见的护坡形式，国内应用较普遍，如果坝面排水布置合理，则护坡效果良好，并且可以美化环境。草皮护坡的草苗宜采用爬地草或矮草，以减少日常维护工作。若坝坡为无黏性土，则可在草皮下铺一层 20 ～ 30 cm 厚的腐殖土，以利于草的生长。

干砌石护坡国内过去使用较多，一般采用单层干砌石，厚度为 0.2 ～ 0.3 m，通常在石料丰富且砌石费用便宜的地区可以考虑采用。这种护坡用于下游坝面，费工费料，除了少数旅游地区，没有必要采用。

卵石或碎石护坡适用于由砂或砾石填筑的下游坝坡，护坡卵石或碎石的粒径应为 5 ～ 10 cm，厚度为 40 cm。

钢筋混凝土框格填石护坡适用于坝坡较陡，仅仅采用卵石或碎石护坡不稳定且不适宜采用草皮护坡的情况。框格尺寸一般为（4 ～ 5）m×（4 ～ 5）m，框条宽 0.2 m，厚 0.3 m，在框格中填卵石或碎石。

采用干砌石、浆砌石、卵石、碎石、沥青混凝土，以及钢筋混凝土护坡（包括上游和下游护坡），护坡底部都应设置碎石或砂、砂砾石垫层，垫层厚度为 15 ～ 30 cm。冰冻严重的地区，垫层厚度还应满足坝坡不冻要求。堆石、干砌石护坡与被保护的土料之间不满足反滤要求时，垫层应按反滤要求设置。为了消除护坡底面积水，降低坝体浸润线和护坡底面扬压力，现浇混凝土或钢筋混凝土、沥青混凝土和浆砌石护坡均应预留排水孔，排水孔之间的间距应根据渗水多少而定。

护坡的范围应根据水位变化情况和坝坡工作条件而定。上游护坡，上部自坝顶开始（如设防浪墙时应与防浪墙连接），下部伸至死水位以下不小于 2.5 m（4、5 级坝可减至 1.5 m），最低水位不确定时应护至坝脚。下游坝坡应由坝顶护至排水体顶部，无排水体时也应护至坝脚。

3. 坝面排水

除了干砌石或堆石护坡，下游坝坡均须设置坝面排水。排水应包括坝顶、坝坡、坝头及坝下游等部位的集水、截水和排水措施。同时，坝坡与岸坡连接处也应设排水沟，其集水面积应包括岸坡集水面积。

坝面排水系统的布置、排水沟的尺寸和底坡应由计算确定。排水系统应纵横贯通，有马道时，纵向排水沟宜设在马道内侧，纵向排水沟可每隔 50 ～ 100 m 设一条。排水沟的横断面可用混凝土浇筑或用浆砌石砌筑，一般断面尺寸应不小于深 0.2 m、宽 0.3 m。

### （三）防渗体

防渗体按其填筑材料分类可分为土质防渗体和非土质材料防渗体。其中，土质防渗体包括黏性土心墙和斜墙等，非土质材料防渗体包括沥青混凝土或钢筋混凝土心墙、斜墙、面板，复合土工膜，等等。

1. 土质防渗体

防渗体厚度的计算公式为：

$$T=(H_1-H_2)/J \tag{3-2}$$

式中：$H_1-H_2$—— 防渗体的上下游水头差，m；

$T$—— 防渗体的厚度，m；

$J$—— 平均允许渗透坡降（心墙 $J\leqslant 4$，斜墙 $J\leqslant 5$）。

土质防渗体在土石坝中应用最为广泛，由渗透系数满足设计要求的土料填筑，一般以黏性土，含砂、砾石黏性土和壤土最为普遍。土质防渗体的断面尺寸应根据下列因素研究确定：①防渗体土料的数量和质量（包括允许比降、塑性和抗裂性能等）；②防渗体土料底面坝基的性质和处理措施；③土料施工难度及防渗土料与坝壳土料的比例关系；④库区设计地震烈度。

实践证明，土质防渗体（包括斜墙和心墙）的断面及厚度取决于防渗体土料的允许比降，在设计中通常采用渗流平均允许比降 $[J]$ 作为控制条件，并由最大作用水头 $H$ 与允许比降的比值计算，即 $B=H/[J]$。从理论上来说，允许比降应由理论公式或试验求得临界比降并除以安全系数确定。但是，理论计算的防渗体断面可能太薄，而防渗体断面太薄对抗震、抗裂不利。为此，根据实际工程经验提出的心墙允许比降不宜大于 4，斜墙不宜大于 5，据此可求出土质防渗体底部的厚度。

土质防渗体顶部厚度应适应机械化施工要求，最小厚度宜取 3 m。为了防止防渗体的冻裂和干缩，心墙的顶部、斜墙的上游墙面和顶部都应设保护层，其厚度应根据库区冰冻深度和干缩深度而定，但不得小于 1 m。土质防渗体与坝壳的上下游接触面，如不能满足反滤要求，均须设置反滤层。防渗体下游由于渗透比降较大，一般情况下应按反滤要求认真设计反滤层，但防渗体上游反滤层可适当简化。当反滤层总厚度不能满足过渡要求时，可加厚反滤层或设置过渡层。

2. 非土质材料防渗体

（1）沥青混凝土防渗体。沥青混凝土具有较好的塑性和柔性，适应变形能力和防渗性能较好。当沥青混凝土的孔隙率为 2 % ～ 5 % 时，渗透系数为 $10^{-10}$ ～ $10^{-7}$ cm/s，在坝址附近缺乏防渗土料或采用土料防渗体造价较高时，可考虑采用沥青混凝土做心墙或斜墙防渗体。

沥青混凝土防渗体可做成心墙或斜墙。心墙的断面可以做得很薄，其厚度通常取 40 ～ 125 cm。对于中低坝，其底部厚度可采用坝高的 1/40 ～ 1/60，顶部可以减小，但不应小于 30 cm。

沥青混凝土斜墙坝采用较多，早期的沥青混凝土斜墙做成双层式，即在两层密实的沥青混凝土防渗层之间夹一层由贫混凝土铺成的排水层，其作用是排除渗过首层防渗层的渗水，但效果并不明显。近年来，许多工程都倾向于采用简单的单层式沥青混凝土斜墙。

斜墙铺筑在坝体上游坝面的垫层上，垫层一般由碎石或砾石填筑，最大粒径应不超过沥青混凝土骨料最大粒径的 7 ～ 8 倍。垫层厚度为 1 ～ 3 m，其作用是调节坝体变形，其上铺一层厚度为 3 ～ 4 cm 的沥青碎石层作为斜墙的基垫。斜墙本身由密实的沥青混凝土浇筑而成，厚度约为 20 cm，分层铺压，每层厚 3 ～ 6 cm。为了延缓沥青混凝土的老化时间，增加防渗效果，一般还应在斜墙表面涂一层沥青玛蹄脂保护层。

按照施工要求，沥青混凝土斜墙的坡度应低于 1/1.7，斜墙与坝基防渗结构连接周边应做成适应变形错动的柔性结构。

（2）钢筋混凝土面板。采用钢筋混凝土作为防渗体，在堆石坝中应用较多，少量土坝也有采用。防渗体的形式，以面板居多，亦有心墙防渗体，如广东飞来峡水库的副坝就是用钢筋混凝土做成心墙防渗体的土坝。

3. 复合土工膜

利用土工膜作为坝体防渗体材料，可以降低工程造价，而且施工方便快捷，不受气候影响。对 2 级及以下的低坝，经论证可采用土工膜代替黏土、混凝土或沥青等，作为坝体的防渗体材料。

### （四）排水设施

土石坝虽然设置防渗设施拦截渗水，但仍有一定的水量渗入坝体内。因此，应设置排水设施，将渗水有计划地排出坝外，以达到降低坝体浸润线和孔隙压力，改变渗流方向，防止渗流逸出区域产生渗透变形，保证坝坡稳定，以及保护坝坡土层不产生冻胀破坏的目的。

为使坝体排水设施满足运用条件，坝体排水应满足如下三点要求：①排水体能自动地向坝外排出全部渗水；②排水体应便于观测和检修；③排水体应按反滤要求设计。

常用的排水设施有如下三种形式。

1. 贴坡排水

贴坡排水又称表面排水，它是在下游坝坡底部区域用石块或卵石加反滤层铺砌在坝坡表面（不伸入坝体）的排水设施。排水顶部超出坝体浸润线逸出点的高度，1、2 级坝应不小于 2 m，3 ～ 5 级坝不小于 1.5 m。当下游有水时，排水顶面高程应高于波浪沿坡面的爬高，同时排水材料应满足防浪护坡的要求。当坝体土料为黏性土时，排水的厚度应大于该地区的冰冻厚度，以保证渗水不在排水设施内部结冻。排水下游处应设置排水沟，并应具有足够的尺寸和深度，以便在沟内水面结冰后，下部仍有足够的排水断面。

这种形式的排水构造简单，省工节料，施工和检修都很方便。但它不能降低坝体浸润线，且易因冰冻而失效，常用于中小型工程、下游无水的均质坝或浸润线较低的中低坝。

2. 棱体排水

棱体排水又称滤水坝趾，它是在下游坡脚处用块石堆筑而成的排水设施。其顶部高程应使坝体浸润线距下游坝面的距离大于该地区的冰结深度，并应满足波浪爬高的要求。其高出下游水位的高度，1，2 级坝应不小于 1 m，3~5 级坝不小于 0.5 m。排水顶部宽度应根据施工和观测的要求确定，一般为 1 ～ 2 m，最小不宜小于 1 m。

排水的内坡由施工条件确定，一般为 1/1 ～ 1/1.5，外坡根据坝基的性质和施工要求采用，一般为 1/1.5 ～ 1/2。为使逸出段的渗透比降分布均匀，在非岩性坝基上的棱体排水，应避免在棱体上游坝脚处出现锐角。

棱体排水是一种可靠的排水设施，它可以降低坝体浸润线，防止坝体发生渗透破坏和坝坡冻胀，在下游有水时可防止波浪淘刷。当坝基强度较高时，还可以增加坝坡的稳定性。但需要的石料较多，造价也相对较高，且对坝体施工有干扰，检修有一定的困难。

3. 坝内排水

坝内排水包括水平排水、竖式排水、网状排水、带排水管等。

（1）水平排水。水平排水有布置在坝基面上的褥垫式排水和沿坝体不同高程布置的水平排水层。

褥垫式排水是沿坝基表面由块石铺成的水平排水层，其伸入坝体内的深度一般不宜超过坝底宽的1/4～1/3，纵坡取0.05～0.1，块石厚度为0.4～0.5 m，并通过渗流计算进行验算。这种排水能有效地降低坝体浸润线，防止土体的渗透破坏和坝坡土的冻胀，增加坝基的渗透稳定，造价也较低，在下游无水时是一种较好的排水设施。缺点是不易检修，施工时容易堵塞。布置在上游坝壳不同高程的坝内水平排水层，其目的是在库水位降低时，改变上游坝壳渗流方向，降低孔隙压力，以增加上游坝坡在库水位降低时的稳定性。下游坝壳的水平排水层有助于孔隙压力的消散和降低浸润线，对均质坝或坝壳采用透水性弱的土料填筑的土石坝，水平排水层有利于下游坝坡的稳定。其设置位置、层数、厚度和伸入坝体内长度应根据渗水量大小确定，排水层厚度不宜小于0.3 m，并满足反滤层最小厚度要求。

（2）竖式排水。竖式排水包括直立式排水、上昂式排水和下昂式排水等。设置竖式排水的目的是使渗入坝体的渗水通过竖式排水自由顺畅地排向下游，保持坝体干燥，有效降低坝体浸润线，防止渗透水流从坝坡逸出。许多均质坝采用风化料或砾石土筑成，常因土料的不均匀性而形成局部的渗透通道，使浸润线升高，甚至浸润线在下游坝坡排水体以上逸出，造成险情。即使是相对均质的土料，因水平碾压致使水平向渗透系数大于垂直向渗透系数，而使实际浸润线比计算情况偏高。一般的竖式排水顶部通至坝顶附近，底部与坝底的褥垫式排水层连接，通过褥垫式排水排向下游。这是近年来开始采用的控制渗流的有效排水方式，对于均质坝和下游坝壳采用强透水性材料填筑的土石坝，宜优先选择这种排水形式。

（3）综合型排水。为充分发挥各种形式排水的优点，在实际工程中，常根据具体情况将2～3种不同形式的排水组合应用，称为综合型排水。例如：当下游高水位持续时间较长时，为节省石料，可考虑在下游正常水位以上用贴坡排水，以下用棱体排水；当浸润线较高，采用棱体排水难以满足设计要求且下游有水时，可采用褥垫式排水与棱体排水组合，或采用贴坡、棱体和褥垫式组合型排水形式。

### （五）反滤层设计

反滤层的作用是排水、滤土。反滤层通常是由 1 ～ 3 层级配均匀、耐风化的砂、砾、软石或碎石构成的（每层粒径应随渗流方向增大）。反滤层设计的原则是能确保被保护土层不发生管涌等有害的渗透变形，透水性应大于被保护土层以便能通畅地排除渗透水流，同时又不致因被细颗粒淤塞而失效。

# 第三节　土石坝的渗流分析

## 一、概述

在土石坝中，渗透水流对坝体、坝基的渗透破坏，危害性更大，因渗透破坏属于隐蔽性破坏，常不易被发现。如发现和抢修不及时，将会导致难以补救的严重后果。

### （一）渗流分析的主要任务

土石坝剖面基本尺寸和防渗排水设施初步拟定后，必须进行渗流分析，并通过分析求得渗流场的水头分布和渗透水力比降，为坝坡安全性和渗流稳定性评判提供依据。渗流分析的主要任务如下。

（1）确定浸润线位置，为坝坡稳定计算和布置坝内观测设备提供依据，并根据浸润线的高低，选择和修改排水设施的形式和尺寸。

（2）确定坝坡渗流逸出段和下游地基表面的渗透比降，以及不同土层之间的渗透比降，评判该处的渗透稳定性，以便确定是否应采取更加有效的防渗反滤保护措施。

（3）确定坝体与坝基的渗流量，估算水库的渗流损失，以便加强防渗措施，把渗流量控制在允许的范围内。

### （二）渗流分析方法

土石坝渗流分析方法可分为流体力学法、水力学法、数值解法和流网法。

1. 流体力学法

流体力学法根据已知的定解条件，如初始条件和边界条件，求解渗流的基本微分方程（拉普拉斯方程），从中得到精确的渗流要素（包括流速、比降和渗透压力）。此法立论严谨，计算成果精确，但只能求解边界条件简单的渗流问题，不适用于边界条件复杂的实际工程。然而，它对某些简单边界问题的解析成果与水力学方法结合起来，可提高水力学法的计算精度。

2. 水力学法

水力学法是一种近似的解析法，计算大大简化，但基于以下基本假设。

（1）假设渗透系数 $K$ 在相同或近似相同的土料中各向同性。

（2）假设坝体内部渗流为层流，认为坝内渗流符合达西定律。

（3）假设坝体内部渗流为渐变流（杜平假定），认为渗流场中任意过水断面各点的水平流速和比降都是相等的。

这种方法不完全符合拉普拉斯方程，因而不能精确求出任一点的水力要素。但其所确定的浸润线、平均流速、平均比降和渗流量，已能满足（3～5 级）土石坝工程的精度要求，且计算简单，容易被人们掌握。因此，这种方法在（3～5 级）工程设计中应用较为广泛。

3. 数值解法

渗流计算的数值解法一般采用有限单元法。有限单元法是目前解决复杂渗流问题的最有效方法，对 1、2 级坝和高坝应采用数值解法计算渗流场的要素。

4. 流网法

手工绘制流网，利用流网求解平面渗流问题的水力要素，也可用来解决较复杂的边界问题。

## 二、渗流分析的水力学法

用水力学法进行土石坝渗流分析的基本思路是，把坝内渗流区域划分为若干段（一般为两段），建立各段水流的运动方程式，并根据渗流的连续性原理求解渗流要素和浸润线。对某些特殊边界条件的渗流问题（如透水地基），也常引入流体力学的分析成果，以提高该分析方法的计算精度。

另外，考虑到工程实际情况的坝体和坝基渗透系数的各向异性，而在采用水力学法进行渗流分析时又需把渗透系数视为常量，因此我国《碾压式土石坝设计规范》（SL 274—2020）规定：计算渗流量时宜采用渗透系数的大值平均值；计算水位降落时的浸润线宜采用渗透系数的小值平均值。

### （一）不透水地基均质坝的渗流计算

严格地讲，绝对不透水的坝基是不存在的。当坝基渗透系数在坝体渗透系数的 1 % 以下时，视坝基为相对不透水地基，计算时一般取单位坝长作为分析对象。

1. 下游无排水（贴坡排水）设施情况

对上游坝坡，斜面入渗的渗流分析要比垂直面入渗复杂得多。而电模拟试验结果证明，虚拟适宜位置的垂直面代替上游坝坡斜面进行渗流分析，其计算精度误差不大。为简化计算，在实际分析中，常以虚拟等效的矩形代替上游坝体三角形，虚拟矩形宽度 $\Delta L$ 按下式计算：

$$\Delta L=\frac{m_1H_1}{2m_1+1} \quad (3\text{-}3)$$

式中：$m_1$—— 上游坝面坡度系数，变坡时取平均值；

$H_1$—— 上游水深，m。

无排水设施均质坝渗流分析的思路是以渗流逸出点为界，把坝体分为上下游两部分，分别列出各部分的流量表达式，并根据流量连续性原理，求出相应的未知量。

（1）上游段分析。根据达西定律，通过浸润线以下的任何单宽垂直剖面的渗流量 $q$ 为：

$$q=-Ky\frac{dy}{dx} \quad (3\text{-}4)$$

移项积分（积分区间从 0 至 $x$）可得：

$$y_2 = H_1^2 - \frac{2q}{K}x \tag{3-5}$$

同理，积分区间从 $EO$ 断面至渗流逸出点断面可得：

$$q = K\frac{H_1^2 - (a_0 - H_2)^2}{2L'} \tag{3-6}$$

式中：$K$—— 渗流系数；

$H_1$、$H_2$—— 上、下游水深，m；

$L'$—— 渗流区的长度，m；

$a_0$—— 渗流逸出点至下游水位的垂直距离，m。

（2）下游段分析。以下游水面为界，把下游段三角形坝体分为水上、水下两部分计算。为简化起见，采用新的坐标系。

水面以上坝体的渗流量 $q_1$ 为：

$$q_1\int_0^{a_0} dq_1 = \int_0^{a_0} KJdy = \frac{K}{m_2}\int_0^{a_0} dy = \frac{Ka_0}{m_2} \tag{3-7}$$

式中：$J$—— 渗透坡降；

$m_2$—— 边坡系数。

水面以下坝体的渗流量 $q_2$ 为：

$$q_2\int_{a_0}^{a_0+H_2} dq_1 = \int_{a_0}^{a_0+H_2} K\frac{a_0}{m_2 y}dy = \frac{Ka_0}{m_2}\ln \tag{3-8}$$

由 $q=q_1+q_2$ 得：

$$q = \frac{Ka_0}{m_2}\left(1 + \ln\frac{a_0 + H_2}{a_0}\right) \tag{3-9}$$

（3）讨论分析。当下游无水时，把 $H_2=0$ 代入式（3-9）得：

$$q = \frac{Ka_0}{m_2} \tag{3-10}$$

不透水地基均质坝的渗流计算，当下游无排水设施且 $H_2=0$ 时，可由式（3-8）和式（3-9）联解求出 $q$ 和 $\alpha_0$，浸润线仍按式（3-10）计算。

2. 下游有褥垫式排水设施情况

这种排水设施在下游无水时排水效果更为显著。由模拟试验证明，褥垫排水的坝体浸润线为一条标准抛物线，抛物线的焦点在排水体上游起始点，焦点在铅直方向与抛物线的截距为 $a_0$，至顶点的距离为 $a_0/2$。

$$a_0 = \sqrt{L'^2 + H_1^2} - L' \tag{3-11}$$

## （二）有限深度透水地基土石坝的渗流计算

1. 均质坝

对于透水地基上的均质坝（特别是下游有水情况），分析时把坝体与坝基分开考虑，即先假设地基为不透水的，由上述方法计算坝体的渗流量 $q_1$（用 $q_1$ 代替 $q$）和浸润线，然后再假定坝体为不透水的，计算坝基渗流量 $q_2$，两者相加可得通过坝体和坝基的渗流量 $q$。

当有棱体排水时，因地基产生渗流使得浸润线有所下降，可假设浸润线在下游水面与排水体上游面的交点进入排水体（$h_0=H_2$，$a_0=0$），则通过坝体的渗流量 $q_1$ 可表达为：

$$q_1 K \frac{H_1^2 - H_2^2}{2L'} \tag{3-12}$$

2. 设有截水墙的心墙坝渗流计算

有限透水深度地基的心墙坝，一般可做成有截水墙的防渗型。计算时，假设上游坝壳无水头损失（因为坝壳土料为强透水土石料），心墙上游面的水位按水库水位确定。因此，只需计算心墙与截水墙和下游坝壳两部分。

分析时，可分别计算通过心墙和下游坝壳的渗流量，并根据流量连续性原理求出渗流单宽流量 $q$ 和下游坝壳在起始断面的浸润线高度 $h$。

计算心墙和截水墙的渗流量 $q$，由于心墙和截水墙一般都采用同一种土料，为简化计算，取心墙和截水墙的平均厚度代替变截面厚度，渗流量可按下式计算：

$$q = K\frac{\left(H_1 + T\right)^2 - \left(h + T\right)^2}{2\delta} \quad (3\text{-}13)$$

式中：$K$—— 心墙、截水墙的渗透系数；

$\delta$ —— 心墙、截水墙的平均厚度，m。

## 三、有限单元法

由于电子计算机技术和二维、三维稳定及非稳定渗流计算程序的广泛应用，有限单元法已成为深入研究复杂渗流问题的重要手段。

应用有限单元法进行渗流计算，先要建立数学模型（描述渗流运动的数学方程式和初始条件、边界条件），然后将研究的渗流区域离散化。离散化的方法是将研究的区域在空间上分割为有限个小区域（或称单元），这些小单元的集合代表原来的研究区域。另外，在时间上划分为若干时段，这些时段的集合就是原来的研究时间段。接着建立某时段每个计算单元的计算公式并求解，把这些解集合起来便得到原渗流场在这一时段的解。这一时段解决了，按顺序一个时段接一个时段计算下去，直至把各个时段算完。这样，未知量（水力要素）随空间和时间变化的过程就模拟出来了。有限单元法求解渗流问题是在计算机上进行渗流数值模拟，其中修改计算公式和修改数学模型都较方便，并且有现成程序可应用，目前已基本取代试验模拟法。

## 四、流网法

在稳定渗流的情况下，渗流场内充满运动的水体质点，这些质点的运动轨迹称为流线。同时，渗流场中还存在着许多势能相等的点，把它们连接起来构成的曲线称为等势线。渗流场内由这两束曲线构成的网格，称为流网。

手工绘制流网一般多采用试绘、修正的方法。试绘时，先按类比或凭经验定出初步的浸润线位置，然后在浸润线与不透水层之间绘出逐渐变化并在进出口与边界垂直的若干条流线，再将浸润线分为若干个合适的等水头差的间隔，通过分割点画出若干条等势线，并按流网的基本性质不断修改流线和等势线，使等势线与流线组成曲线正交方形网格。

## 五、土石坝的渗透变形及其防止措施

土石坝在渗透水流的作用下可能发生渗透变形，严重时坝坡或坝脚附近还会产生渗透破坏，甚至会导致工程事故，必须采取有效的控制措施。

### （一）渗透变形的类型

土体渗透变形的形式及其发展过程，主要与土料的性质、级配、渗流条件，以及防渗、排水措施有关，通常可归纳为管涌、流土、接触冲刷与接触流失四种类型。

1. 管涌

管涌是在渗流作用下，无黏性土中的细小颗粒在骨架孔隙中连续移动和流失的现象。当土体内的流速和水力比降达到一定的数值时，土体中的细小颗粒开始悬浮移动，并被渗透水流挟带流出坝体或地基外。随着细小颗粒的连续流失，土体的孔隙逐渐加大，渗透流速也随之增大，继而带走较大的颗粒，形成集中的渗流通道。使个别小颗粒在渗流作用下开始在土体孔隙内移动的水力比降称为临界比降，使土体产生渗流通道和较大范围破坏的水力比降称为破坏比降。

工程实践经验表明，管涌一般发生在无黏性砂土、砂砾土的下游坡面和地基面渗流逸出处。对于黏性土料，由于土料颗粒之间存在黏聚力，渗流难以把土粒挟带流失，一般不会发生管涌。

2. 流土

流土是在渗流作用下，土体从坝身或坝基表面隆起、顶穿或粗细颗粒同时浮起而流失的现象。这种渗透变形从流土的发生到破坏整个过程比较迅速，一旦渗流的水力比降超过某一范围，渗透压力超过土体的浮容重时，土体将被掀起浮动。流土主要发生在黏性土及均匀的非黏性土无保护措施的渗流出口处。

3. 接触冲刷

接触冲刷是当渗流沿两种不同的土层接触面流动时，沿层面挟带细小颗粒流失的现象，一般发生在两层级配不同的非黏性土中。

4. 接触流失

接触流失是渗流在沿层次分明、渗流系数相差悬殊的两相邻土层的垂直面流动中，将渗透系数较小土层中的细小颗粒带入渗透系数较大土层中的现象。例如，黏性土心墙（或斜墙）与非黏性土坝壳之间、坝体或坝基与排水设施之间的渗流，由于上游层面的颗粒比下游层面小，在一定的流速和压力作用下，一层土料的颗粒将会产生移动，流入另一土层中。

### （二）防止渗透变形的工程措施

如上所述，坝体和坝基产生渗透变形的条件主要取决于渗透比降、土料的性质和级配。因此，防止渗透变形的措施主要有两种：一是在渗流的上游或源头采取防渗措施，拦截渗水或延长渗径，从而减小渗透流速和渗透压力，降低渗透比降；二是在渗流的出口段采取排水减压措施和渗透反滤保护措施，提高渗流出口段抵御渗透变形的能力。一般采取的工程措施有如下四种。

（1）设置垂直或水平防渗设施（截水墙、斜墙、心墙和水平铺盖等）拦截渗透水流，延长渗径，消减水头，达到降低渗透比降的目的。

（2）设置排水设施。对于表层为弱透水覆盖层的坝基，在坝后布置排水减压设施可以有效降低坝基的渗透水头，从而防止渗透变形的形成，增加背水坡的抗滑稳定性，这些措施包括排水沟和减压井。对坝体部分的保护措施主要有贴坡、堆石棱体等排水反滤设施。

（3）盖重压渗措施。当坝基透水层深厚，采用垂直防渗措施不经济时，除了在上游采用水平防渗铺盖，在背水坡外侧采用盖重压渗成为首选措施。盖重材料以排水通畅的砂石料为主，以免产生附加渗透压力。

（4）设置反滤层。反滤层是提高坝体抗渗能力、防止各种渗透变形，特别是防止管涌的有效措施。在防渗体渗流出口处，如不符合反滤要求，必须设置反滤层。

反滤层可由 2 ～ 3 层不同粒径的砂、石料组成，其作用是滤土排水。按照渗流方向顺序，选择第一层反滤料时，以坝体或坝基作为被保护土料；选择第二、第三层反滤料时，以第一、第二层反滤料作为被保护的土料。水平反滤层层厚以 15 ～ 25 cm 为宜，垂直或倾斜的反滤层应适当加厚，采用机械化施工时，每层厚度宜根据施工要求确定。

反滤层的土料应采用抗风化能力较强的耐用砂石料。为保证滤土排水作用的正常发挥，反滤层布置应满足如下要求。

（1）反滤层应有足够的渗透性，能通畅地排除渗透水流。

（2）使被保护的土层不发生渗透变形，即被保护的土料（包括反滤层砂石料）不得穿越下一层反滤料的孔隙。

（3）反滤层不致被淤塞而失效。

## 第四节　土石坝的稳定分析

### 一、概述

土石坝是一个由松散颗粒构成的整体，由于土石坝的剖面一般比较庞大，土石坝的稳定问题就是局部坝坡的滑动稳定问题。如果局部滑坡现象得不到控制，任其发展下去，也会导致坝体整体破坏。

土石坝滑坡形式与坝体的工作条件、土料类型和地基的性质有关，一般可归纳为以下三种滑裂形式。

（1）曲线滑动面。曲线滑动面为一顶部陡峭而底部渐趋平缓的曲线面。由于曲线面近似于圆弧面，在坝坡稳定分析中常以圆弧面代替。当坝基为岩基或坝基土料比坝体土料坚实得多时，多从坝脚处滑出，否则将切入坝基从坝脚以外滑出。

（2）直线或折线滑动面。直线或折线滑动面多发生在非黏性土料的坝坡。对于斜墙坝，滑动面上部通常沿着斜墙与坝体接触面滑动，下部在某一部位转折向坝外滑出。坝坡部分浸水时也呈折线式滑动。

（3）复合滑动面。当坝基表面附近有软弱夹层时，因其抗剪强度低，滑动面可能会发生上部分呈弧形滑动、下部分呈直线滑动的复合滑动。

## 二、土料抗剪强度指标的选取

土石坝从施工期到运用期，土体的抗剪强度指标都在不断变化。因此，土料抗剪强度指标的选用是否合理，关系到坝体的工程量和安全问题。

### （一）确定抗剪强度指标的计算方法

抗剪强度指标的计算方法有总应力法和有效应力法。对于各种计算工况，土料的抗剪强度都可采用有效应力法，按式（3-14）确定：

$$\tau = C' + (\sigma - u)\tan\varphi' = C' + \sigma'\tan\varphi' \qquad (3\text{-}14)$$

式中：$\tau$ —— 土体的抗剪强度，kPa；

$\sigma'$、$\sigma$ —— 法向有效应力和法向总应力，kPa；

$u$—— 孔隙水压力，kPa；

$C'$、$\varphi'$ —— 有效强度指标，kPa。

### （二）抗剪强度指标的测定方法及仪器使用规定

筑坝土料的抗剪强度应采用三轴仪测定。3 ～ 5 级的中低坝，也可用直剪仪按慢剪试验测定有效强度指标。对于渗透系数小于 $10^{-7}$ cm/s 或压缩系数小于 0.02 的中低坝，也允许采用直剪仪按快剪试验或固结快剪试验测定其总应力抗剪强度指标。

对于地震情况的抗剪强度指标，原则上应由动力试验确定。对于条件不具备的 3 ～ 5 级坝，可采用静力抗剪强度指标代替。

## 三、坝坡稳定计算工况和安全系数的采用

### （一）坝坡稳定计算工况

稳定计算的目的是保证土石坝坝坡在荷载作用下具有足够的稳定性。

1. 正常运用条件

（1）上游正常蓄水位与下游相应的最低水位或上游设计洪水位与下游

相应的最高水位形成稳定渗流期的上下游坝坡。

（2）水库水位从正常蓄水位或设计洪水位正常降落到死水位的上游坝坡。

2. 非常运用条件Ⅰ

（1）施工期的上下游坝坡。

（2）上游校核洪水位与下游相应最高水位可能形成稳定渗流期的上下游坝坡。

（3）水库水位的非常降落，即库水位从校核洪水位降至死水位以下或大流量快速泄空的上游坝坡。

3. 非常运用条件Ⅱ

正常运用水位遇地震的上下游坝坡。

### （二）稳定安全系数的采用

按照我国规定，当采用计及条块间作用力的计算方法时，坝坡稳定安全系数应不小于表 3-1 规定的数值；当采用不计条块间作用力的瑞典圆弧法计算时，在 1 级坝正常运用条件下的最小安全系数应为 1.30，其他情况应比表 3-1 规定的数值减少 8 %。

表 3-1　坝坡抗滑稳定最小安全系数

| 运用条件 | 坝的级别 | | | |
|---|---|---|---|---|
| | 1 级 | 2 级 | 3 级 | 4 级、5 级 |
| 正常运用条件 | 1.50 | 1.35 | 1.30 | 1.25 |
| 非常运用条件Ⅰ | 1.30 | 1.25 | 1.20 | 1.15 |
| 非常运用条件Ⅱ | 1.20 | 1.15 | 1.15 | 1.10 |

采用滑楔法计算坝坡稳定：当滑楔之间的作用力按平行于坡面和滑底斜面的平均坡度假设时，最小安全系数采用表 3-1 规定；当作用力按水平方向假设时，安全系数参照不计条块间作用力的圆弧法有关规定执行。

## 四、坝坡稳定分析方法

坝坡稳定计算应采用刚体极限平衡法。极限平衡稳定分析时，常用条分法，有不计条间作用力和计及条间作用力两类，按滑动面形状分圆弧法和滑楔法两种。对于均质坝、土质厚斜墙坝和厚心墙坝，宜采用计及条间作用力的简化毕肖普法；对于有软弱夹层的坎坡、薄斜墙坝和薄心墙坝，宜采用摩根斯坦－普拉斯法。鉴于圆弧法和滑楔法计算简单，且积累了较丰富的经验，虽然理论上有缺陷，但对于一般性中低坝，仍为较实用的方法。

### （一）圆弧法

圆弧法假定坝坡滑动面为圆弧，取圆弧面以上土体作为分析对象。对于均质坝、厚心墙坝和厚斜墙坝，坝坡滑动面近似为圆弧形，故常采用圆弧法进行坝坡稳定分析。圆弧法是由瑞典人彼得森（Peterson）首先提出的，故称瑞典圆弧法。该法把分析对象分为若干土条，计算时不考虑土条间的作用力，把滑动土体相对圆弧圆心的总阻滑力矩 $M_r$ 与总滑动力矩 $M_T$ 的比值定义为坝坡稳定安全系数。后来，毕肖普（Bishop）又把安全系数定义为滑动面的抗剪强度 $\tau_o$ 与滑动面实际的剪应力 $\tau_e$ 之比，即 $K=\tau_e/\tau_o$。

毕肖普的定义不仅使安全系数的物理意义更加明确，而且为坝坡稳定分析提供了更为广泛的途径。瑞典圆弧法由于不考虑土条间的作用力，因而计算结果一般比精确结果低 10 %～20 %，并且这种误差随着圆弧面的圆心角和孔隙压力的增大而增大。

### （二）滑楔法

无黏性土的坝坡，如心墙坝的上下游坝坡、斜墙坝的下游坝坡或上游保护层，以及保护层与斜墙等，可能形成圆弧形滑动面，也可能形成折线形滑动面。稳定分析时可按滑楔法计算，对于厚斜墙坝和厚心墙坝还应按圆弧法校核。

按滑楔法计算时，常将滑动体以折点为界分为若干滑楔，滑楔间的相互作用力一般按两种方向拟定，一种是水平方向，另一种是平行于滑动斜面的方向，前者计算的稳定安全系数比后者小。因此，假定滑楔间作用力的方向不同，对稳定安全系数的要求也不同。

## 第五节　土石坝的地基处理

土石坝的主要优点之一是对地基适应能力较强，几乎在各类地基上都可建造土石坝。但是，土石坝多数建在土基上，土基的承载力、强度和抗变形、抗渗能力远比岩基差。因此，对坝基处理的要求丝毫不能放松。国外资料统计，土石坝失事约有 40 % 是地基问题引起的，可见土石坝的地基处理也是相当重要的。土石坝的地基处理应满足如下三个方面的要求。①控制渗流。经过技术处理后的地基不产生渗透变形且有效降低坝体浸润线，保证坝坡和坝基在各种情况下均能满足渗透稳定要求，并将坝体的渗流量控制在设计允许的范围内。②控制稳定。通过处理使坝基具有足够的强度，不致因坝基强度不足而使坝体及坝基产生滑坡，软土层不致被挤出，砂土层不致发生液化，等等。③控制变形。要求沉降量和不均匀沉降控制在允许的范围内（竣工后，坝基和坝体的总沉降量一般不应大于坝高的 1 %），以免影响坝的正常运行。

### 一、砂砾石地基处理

常见的砂砾石地基，其河床段上部多为近代冲积的透水砾石层，具有明显的成层结构特性。这种地基的强度一般较大，压缩性也较小，即使建造高坝，其承载力一般也是足够的，因而对这种地基的处理主要是控制渗流。渗流控制的思路是“上铺、中截、下排”。上铺是在上游坝脚附近铺设水平防渗铺盖，中截是在坝体底部中上游布置截水设施，两者的目的都是延长渗径、拦截渗流、降低渗透比降和减少渗流量，垂直截渗措施往往是最有效和最可靠的方法。下排就是在渗流出口段布置排水减压设施，使地基的渗水顺畅自由地排出地面，达到滤土、排水、降压、避免地基发生渗透失稳的目的。

### （一）垂直截渗措施

垂直截渗措施包括明挖回填黏土截水槽、混凝土防渗墙和帷幕灌浆等。

1. 明挖回填黏土截水槽

明挖回填黏土截水槽是一种结构简单、工作可靠、截渗效果好的防渗措施，当砂砾土层深度在 15 m 以内时，应优先考虑采用这种措施。截水槽的位置一般设在大坝防渗体的底部（均质坝则多设在靠上游 1/3 ～ 1/2 坝底宽处），横贯整个河床并伸到两岸。截水槽的底宽，应按回填土料的允许比降确定（一般砂壤土的允许比降取 3.0，黏土取 5.0 ～ 10.0），一般取 5 ～ 10 m，并满足施工最小宽度 3 m 的要求。

当截水槽底部与相对不透水土层结合时，其插入相对不透层的深度应不小于 1 m，伸入相对不透水层的渗径长度应大于最大工作水头与土料允许坡降的比值 $H/J$。

2. 混凝土防渗墙

当地基砂砾石层深度在 15 ～ 80 m 时，采用混凝土防渗墙截渗是比较有效和经济的措施。一般做法是用冲击钻沿坝基防渗轴线分段建造深窄式槽形孔直至基岩，以泥浆固壁，在槽内按水下混凝土浇筑方法构成一道连续的混凝土防渗墙。这种防渗方法不需要大量开挖，具有施工进度较快、造价较低、防渗效果较显著的优点。

混凝土防渗墙的厚度由坝高和防渗墙的允许渗透坡降、墙体溶蚀速度和施工条件等因素确定，其中施工条件和坝高起决定性作用。根据国内已建工程经验，一般允许坡降以 1/80 ～ 1/100 为宜，并由最大工作水头除以允许比降校核墙的厚度。从混凝土溶蚀速度方面考虑，混凝土在渗水作用下失去游离氧化钙而导致强度降低，渗透性增加，因此可按其强度 50 % 的年限审核墙体厚度。从施工条件和坝高方面考虑，利用冲击钻造孔，1.3 m 直径钻具的重量已近极限，所以国内已建工程一般将墙体厚度控制为 0.6 ～ 1.3 m。另外，造墙的工期和造价，由钻孔和浇筑混凝土两道主要工序控制，薄墙钻孔数量增大而混凝土量减少，厚墙则相反，两者有一个最佳的经济组合。按已有经验，墙厚小于0.6 m时，减少的混凝土量已不能抵偿钻孔量增加的代价，经济上已不合理。因此，采用冲击钻施工方法，当坝较高、水头较大时，应采用两道墙，最小厚度不小于 0.6 m。

防渗墙顶部和底部是防渗的薄弱部位，应慎重处理。为此，要求防渗墙墙顶应做成光滑的楔形，插入土质防渗体的深度为 1/10 坝高，其中高坝可适当降低，或根据渗流计算确定。低坝应不小于 2 m，并在墙顶填筑含水率大于最优含水率的高塑性土。墙底应嵌入基岩 0.5 ～ 1 m，对风化较深和断层破碎带处，可根据坝高和断层破碎情况适当加深。

高坝深砂砾石层的混凝土防渗墙，应进行应力应变分析，核算墙的应力，为选择混凝土的强度提供依据。墙体除应具有设计要求的强度，还应具有足够的抗渗性和耐久性，为此可在混凝土内掺入适量的黏土、粉煤灰及其他外加剂。为了保证防渗墙的施工质量，对高坝深砂砾石层的混凝土防渗墙，宜采用钻孔、物探等方法做强度和渗透性的质量检查。

### （二）水平防渗铺盖

铺盖的作用是延长渗径，从而使坝基渗漏损失和渗流比降减小至允许范围内。当坝基砂砾石透水层深厚，在经济上不够合理时，可考虑采用其他防渗措施。采用黏性土铺盖防渗可就地取材，施工简单，多用于中小型工程。国内部分工程实例表明，采用水平防渗铺盖成功的不少，但也有失败的，因此对高坝或地层复杂的情况一定要慎重。

### （三）排水减压措施

当采用铺盖防渗时，由于其不能有效地拦截渗水，可能引起坝下游地层产生渗透变形或沼泽化。因此，采用铺盖防渗或其他措施防渗效果较差时，可在下游坝脚或以外配套设置排水减压措施。

对于双层结构透水地基，当表层为不太厚的弱透水层，且其下卧透水层较浅、渗透性较均匀时，可将表层挖穿做成反滤排水暗沟或明沟。排水沟的位置在不影响坝坡稳定的前提下，尽量接近坝脚。沟顶面应略高于地面，以防止雨水挟带砂粒流入，造成淤积，沟底应有一定坡度并与下游河沟（或另开引沟）连通，沟的断面尺寸根据渗流量大小确定。

当表层弱透水层太厚或透水层成层性较显著时，宜采用减压井深入强透水层，将渗水导出，经排水沟排向下游。

减压井通常在靠近下游坝脚以外并沿平行于坝轴线方向布置一排，井距根据地基渗流量大小确定，一般为 15 ～ 30 m。井径（内径）宜大于 150 mm。出口高程应尽量降低，但不得低于排水沟底面，以免地面水倒灌造成井内淤塞，一般比沟底高程高 0.3 ～ 0.5 m。

减压井由沉淀管、进水花管和导水管三部分组成，渗水由进水花管四周孔眼进入管内，经导水管顶面的出水口排入排水沟，进入管内的土粒则靠自身重量淤落沉淀管内。进水花管可用石棉水泥管、预制无砂混凝土管等，贯入强透水层的深度，宜为强透水层厚度的 50 % ～ 100 %。进水花管孔眼可为条形或圆形，开孔率宜为 10 % ～ 20 %，管四周宜按反滤要求布置反滤层或用土工布反滤。

## 二、软土地基处理

### （一）细砂地基处理

均匀饱和的细砂地基受振动时（特别是遇地震时）极易液化，必须进行处理。

当易液化地基厚度不大或分布范围不广时，可考虑全部挖除。当挖除困难或很不经济时，可进行振动压密或重锤夯实，其有效深度为 1 ～ 2 m，如采用重型振动碾，则为 2 ～ 3 m，压实后土层可达中密或紧密状态。

当易液化细砂地基厚度较深时，宜采用振冲、强夯等方法加密。

1. 振冲法

振冲法的原理是：一方面，依靠振冲器的强烈振动，迫使饱和细砂层液化后的颗粒重新排列，趋于密实；另一方面，依靠振冲器的水平振动力，通过回填粗粒料使砂层进一步加密。一般振冲孔孔距为 1.5 ～ 3 m，加固深度可达 30 m。经过群孔振冲处理，土层的相对密实度可提高到 0.8 以上，达到防止液化的目的。我国现有功率为 20 kW、30 kW、55 kW、75 kW、100 kW 的电动型和 150 kW 液压型等各种规格的振冲器，可根据具体地基情况选用。采用振冲法处理时，可沿处理范围布置一系列的振冲孔，并在孔中投入碎石或卵砾石，形成一系列的排水桩体，使振冲孔隙水压力加速消散，达到与设计地震烈度相应的密实程度，提高地基的承载力。

2. 强夯法

强夯法原理是用重锤（国内一般为 8 ～ 25 t），从高处自由落下（落距一般为 8 ～ 25 m），给地基以冲击和振动，迫使地基加密。夯击时的巨大能量可引起饱和砂土层的短暂液化，重新沉积到更加密实状态，产生较大的压实效应。用强夯法加固的深度与夯击能量有关，一般可超过 10 m。

### （二）淤泥地基处理

淤泥地基天然含水率大，抗剪强度低，承载能力小，一般不适宜直接作为坝基使用，必须进行处理。当淤泥土层较浅和分布范围不广时，优先考虑全部挖除；当淤泥土层较深，挖除难度较大和不经济时，可采用表层挖除与压重法或砂井排水法相结合的处理方法。

压重法是指在下游坝脚附近堆放可滤水的块石或卵石。其作用是保护淤积土层不被坝体的巨大重量从下游坝脚附近挤出，保证坝坡的安全。

砂井排水法是指在坝基中打造砂井，加快排水固结。砂井直径为 30 ～ 40 cm，井距为 6 ～ 8 倍的井径，深度应伸入潜在最危险滑动面以下。砂井的施工是在地基中打入封底的钢管，拔管后回填粗粒砂、砾石料。其目的是加密地基，并且通过砂井把地基土料的含水量导出，从而加快地基固结，提高其承载力和抗剪强度。

### （三）软黏性土和湿陷性黄土地基处理

软黏性土地基土层较薄时宜全部挖除。当软黏性土层较厚，分布范围较广，全部挖除难度较大或不经济时，可将表面强度很低的部分挖除，其余部分可采取打砂井（同上）、插塑料排水带、堆载预压、真空预压、振冲置换，以及调整施工速率等措施处理。

湿陷性黄土在一定压力作用下受水浸湿后将产生附加沉降。这种地基可用作低坝坝基，但应论证其沉降、湿陷和溶滤对土石坝的危害，并做好处理措施。一般的处理方法有挖除、翻压、强夯等，消除其湿陷性，经论证也可采用预先浸水法使地基在完成湿陷后成为可利用的坝基。

# 第六节　面板堆石坝

## 一、钢筋混凝土面板的分块和浇筑

### （一）钢筋混凝土面板的分块

混凝土防渗面板包括趾板和面板两部分。趾板设伸缩缝，面板设垂直伸缩缝、周边伸缩缝等永久缝和临时水平施工缝。面板要满足强度、抗渗、抗侵蚀、抗冻要求。垂直伸缩缝从底到顶通缝布置，中部受压区的分缝间距一般为 12 ～ 18 m，两侧受拉区按 6 ～ 9 m 布置。受拉区设两道止水，受压区在底侧设一道止水，水平施工缝不设止水，但竖向钢筋必须相连。

### （二）防渗面板混凝土浇筑

1. 趾板施工

趾板施工应在趾基开挖处理完毕，经验收合格后进行，按设计要求绑扎钢筋、设置锚筋、预埋灌浆导管、安装止水片及浇筑上游铺盖。混凝土浇筑中，应及时振实，注意止水片与混凝土的结合质量，结合面不平整度小于 5 mm。混凝土浇筑后 28 天以内，20 m 之内不得进行爆破，20 m 之外的爆破要严格控制装药量。

2. 面板施工

面板施工在趾板施工完毕后进行。考虑到尽量避免堆石体沉陷和位移对面板产生的不利影响，面板在堆石体填筑全部结束后施工。面板混凝土浇筑宜采用无轨滑模，起始三角块宜与主面板块一起浇筑，面板混凝土宜采用跳仓浇筑。滑模应具有安全措施，固定卷扬机的地锚应可靠，滑模还应有制动装置。面板钢筋采用现场绑扎或焊接，也可用预制网片现场拼接。混凝土浇筑中，布料要均匀，每层铺料 250 ～ 300 cm 厚。止水片周围需人工布料，防止分离。振捣混凝土时，要垂直插入，至下层混凝土内 5 cm，止水片周围用小振捣器仔细振捣。振动过程中，防止振捣器触及滑模、钢筋、止水片。脱模后的混凝土要及时修整和压面。

浇筑质量检查要求如下。

（1）趾板浇筑。每浇一块或每 50 ～ 100 $m^3$，至少有一组抗压强度试件；每 200 $m^3$，成型一组抗冻、抗渗检验试件。

（2）面板浇筑。每班取一组抗压强度试件，抗渗检验试件每 500 ～ 1 000 $m^3$ 成型一组，抗冻检验试件每 1 000 ～ 3 000 $m^3$ 成型一组，不足以上数量者，也应取一组试件。

## 二、沥青混凝土面板施工

### （一）沥青混凝土施工方法分类

沥青混凝土的施工方法有碾压法、浇筑法、预制装配法和填石振压法四种。碾压法是将热拌沥青混合料摊铺后碾压成型的施工方法，用于土石坝的心墙和斜墙施工。浇筑法是将高温流动性热拌沥青混合材料灌注到防渗部位，一般用于土石坝心墙。预制装配法是把沥青混合料预制成板或块。填石振压法是先将热拌的细粒沥青混合材料摊铺好，填放块石，然后用巨型振动器将块石振入沥青混合料中。

### （二）沥青混凝土防渗体的施工特点

（1）施工需专用施工设备和经过施工培训的专业人员完成。防渗体较薄，工程量小，机械化程度高，施工速度快。

（2）高温施工，施工顺序和相互协调要求严格。

（3）防渗体不需分缝分块，但与基础、岸坡及刚性建筑物的连接需谨慎施工。

（4）相对土防渗体而言，沥青混凝土防渗体不因开采土料而破坏植被，利于环保。

### （三）沥青混凝土面板施工

1. 沥青混凝土面板施工的准备工作

（1）趾墩和岸墩是保证面板与坝基间可靠连接的重要部位，一定要按设计要求实施。岸墩与基岩连接，一般设有锚筋，并用作基础帷幕及固结灌浆的压盖。其周线应平顺，拐角处应曲线过渡，避免倒坡，以便于和沥青混凝土面板的连接。

（2）与沥青混凝土面板相连接的水泥混凝土趾墩、岸墩及刚性建筑物的表面在沥青混凝土面板铺筑之前必须进行清洁处理，潮湿部位用燃气或喷灯烤干。然后，在表面喷涂一层稀释沥青或乳化沥青，待其完全干燥后，再在上面敷设沥青胶或橡胶沥青胶。沥青胶涂层要平整均匀，不得流淌。若涂层较厚，可分层涂抹。

（3）对于土坝，在整修好的填筑土体或土基表面先喷洒除草剂，然后铺设垫层。堆石坝体表面可直接铺设垫层。垫层料应分层填筑压实，并对坡面进行修整，使坡度、平整度和密实度等符合设计要求。

2. 沥青混合料运输

（1）热拌沥青混合料应采用自卸汽车或保温料罐运输。自卸汽车运输时应防止沥青与车厢黏结，车厢内应保持清洁。从拌和机向自卸汽车上装料时，应防止粗细骨料离析，每卸一斗混合料应挪动一下汽车位置。保温料罐运输时，底部卸料口应根据混合料的配合比和温度设计得略大一些，以保证出料顺畅。一般沥青混合料运输车或料罐运输的运量应比其拌和能力或摊铺速度大。

（2）运料车应采取覆盖篷布等保温、防雨、防污染的措施，夏季运输时间较短时，也可不加覆盖。

（3）沥青混合料运至地点后应检查拌和质量。不符合规定或已经结成团块、已被雨淋湿的混合料不得用于铺筑。

3. 沥青混合料摊铺

土石坝碾压式沥青混凝土面板多采用一级铺筑。当坝坡较长或因拦洪度汛需要设置临时断面时，可采用二级或二级以上铺筑。一级斜坡铺筑长度通常为 120 ～ 150 m。当采用多级铺筑时，临时断面顶宽应根据牵引设备的布置及运输车辆交通的要求确定，一般为 10 ～ 15 m。

沥青混合料的铺筑方向多沿最大坡度方向分成若干条幅，自下而上依次铺筑。当坝体轴线较长时，也有沿水平方向铺筑的，但多用于蓄水池和渠道衬砌工程。

4. 沥青混合料压实

沥青混合料应采用振动碾碾压，此时要在上行时振动，下行时不振动。待摊铺机从摊铺条幅上移出后，用 2.5 ～ 8 t 振动碾进行碾压。条幅之间的接缝，在铺设沥青混合料后应立即进行碾实，以获得最佳的压实效果。在碾压过程中有沥青混合料粘轮现象时，可向碾压轮洒少量水或洒加洗衣粉的水，严禁涂洒柴油。

5. 沥青混凝土面板接缝处理

为提高整体性，接缝边缘通常由摊铺机铺筑成 45° 。当接缝处沥青混合料温度较低（小于 60 ℃）时，对接缝处的松散料应予清除，并用红外线或燃气加热器将接缝处 20 ～ 30 cm 的区域加热到 100 ～ 110 ℃后，再铺筑新的条幅进行碾压。有时在接缝处涂刷热沥青，以增强防渗效果。对于防渗层铺筑后发现的薄弱接缝处，仍需用加热器加热，并用小型夯实器压实。

# 第四章　水利工程施工项目质量管理研究

水利工程项目的施工阶段指的是，根据工程相关图纸和文件的设计要求，在工程的建设团队和技术人员的劳动下所形成的工程实体的阶段。在该阶段中，最为重要的任务是进行质量控制，通过建立全面、有效的工程质量监督体系，确保水利工程可以符合专门的工程或是合同所规定的质量要求和标准。

## 第一节　水利工程施工项目质量管理概述

质量管理指的是对工程的质量和组织的活动进行协调。从这个定义中我们可以看出，质量管理主要包括两个方面的具体含义：一方面，指的是工程的特征性能，也就是所谓的工程产品质量；另一方面，指的是参与工程建设的员工或是组织的工作水平和组织管理，也就是工作质量。水利工程质量管理中，对质量的指挥和控制活动包含多方面，如制定质量方针和质量目标等。除此之外，还要进行质量策划、质量控制、质量保证和质量改进等。

### 一、水利工程质量管理的原则

对水利工程的质量进行管理的目的是使工程的建设符合相关的要求。采用科学的方法，对工程建设中所涉及的各个问题进行相应的协调，解决工程建设中所遇到的困难，从而最终保证工程的质量满足相关的质量要求。

#### （一）遵守质量标准原则

在对工程质量进行评价时，必须依据质量标准，而其中所涉及的数据则是质量控制的基础。工程的质量是否符合质量的相关要求，只有在将数据作为依据进行衡量之后，才能做出最终的评判。

### （二）坚持质量最优原则

坚持质量最优原则是对工程进行质量管理所遵循的基本思想，在水利工程建设的过程中，所有的管理人员和施工人员都要将工程的质量放在首位。

### （三）坚持以人为控制核心原则

人是质量的创造者，因此在工程质量控制的过程中，必须将人作为质量控制的核心，充分发挥人的主动性，成为质量控制中不竭的动力。

### （四）坚持全面控制原则

全面控制原则指的是，要对工程建设的整个过程进行严格的质量控制，质量控制的过程贯穿工程建设的始终。也就是说，为了保证工程的质量能够达到标准，对于工程质量的控制不能仅仅局限于施工的阶段，而是从工程开始的设计到最后的维护过程都要进行控制。对所有可以影响工程质量的因素都要严格把控，从根本上提高工程质量。

### （五）坚持预防为主原则

坚持预防为主的原则指的是在水利工程实际实施之前，就要考虑到可能对工程质量产生影响的因素，对其进行全面的分析，找出其中的主导因素，并采取相应的措施进行有效控制，将工程的质量问题消灭于萌芽状态，从而真正做到未雨绸缪。

## 二、水利工程质量管理的内容

在对水利工程的质量进行管理时，要注意从全面的角度出发，不仅要对工程质量进行管理，还要从工作质量和人的质量方面进行管理。

### （一）工程质量

工程质量指的是建设水利工程要符合相关法律法规的规定，符合技术标准、设计文件和合同等文件的要求，工程产生的具体作用要符合使用者的要求。具体来说，对工程质量管理主要表现在以下六个方面。

1. 工程寿命

所谓的工程寿命，实际上指的就是工程的耐久性，是水利工程在常规条件下可以正常发挥其功能的有效时间。

2. 工程性能

工程性能就是工程的适用性，指的是工程在全面满足使用者需求的条件下应具备的所有功能，其具体表现为使用性能、外观性能、结构性能和力学性能。

3. 安全性

安全性指的是工程在使用的过程中应保证其结构的安全，保证他人的人身和环境不受到工程的伤害。例如，工程应具备抗震性、耐火性等。

4. 经济性

经济性指的是工程在建设和使用的过程中所花费的所有成本的多少。

5. 可靠性

可靠性指的是工程在一定的使用条件和使用时间下，能够有效完成相应功能的程度。例如，某水利工程在正常的使用条件和使用时间下，不会发生断裂或渗透等问题。

6. 与环境的协调性

与环境的协调性指的是水利工程的建设和使用要与其所处的环境相协调，实现可持续发展。

我们可以通过量化评定或定性分析来对上述六个工程质量的特性进行评定，以此明确规定出可以反映工程质量特性的技术参数，然后通过相关的责任部门形成正式的文件下达给工程建设组织，以此作为工程施工和验收的质量规范，这就是所谓的质量标准。将工程与工程质量标准相比较，符合标准的就是合格品，不符合标准的就是不合格品。需要注意的是，施工组织的工程建设质量，不仅要满足施工验收规范和质量评价标准的要求，并且还要满足建设单位和设计单位所提出的相关合理要求。

### （二）工作质量

工作质量指的是，从事建筑行业的部门和建筑工人的工作可以保证工程的质量。工作质量包括生产过程质量和社会工作质量两个方面。例如，技术工作、管理工作、社会调查、后勤工作、市场预测、维护服务等方面的工作质量。想要确保工程质量达到相关部门的要求，前提条件是必须保证工作质量符合要求。

### （三）人的质量

人的质量指的是参与工程建设的员工的整体素质，主要包括文化技术素质、思想政治素质、身体素质、业务管理素质等多个方面。人是直接参与工程建设的组织者、指挥者和操作者，人的素质高低不仅会影响工程质量的好坏，甚至还关系到所在建筑企业的存亡。

## 三、工程质量的特点

工程质量的特点，主要表现在以下五个方面。

### （一）质量波动大

工程建设的周期通常都比较长，使得工程所遭遇的影响因素增多，从而加大了工程质量的波动程度。

### （二）影响因素多

对工程质量产生影响的因素有很多，包括直接因素和间接因素，如机械因素、人的因素、方法因素、材料因素、环境因素等。尤其是水利工程建设，一般都是由多家建设单位共同完成的，这就使得工程的质量形势更为复杂，影响工程的因素也更多。

### （三）质量变异大

从上述内容中我们可以得知，影响工程质量的因素很多，这同时也就加大了工程质量的变异概率，因为任何一个因素发生变异都会对整个工程的质量产生影响。

### （四）质量具有隐蔽性

由于工程在建设的过程中，工序交接多，中间产品多，隐蔽工程多，并且取样数量受到多种因素和条件的限制，从而增大了错误判断率。

### （五）终检局限性大

建筑工程通常都会有固定的位置，在对工程进行质检时，不能对其进行解体或是拆卸，因此工程内部存在很多隐蔽的质量问题，在终检验收时很难被发现。

在工程质量管理的过程中，除了要考虑到上述几项特点，还要认识到质量、进度和投资这三者之间是一种对立统一的关系，工程的质量会受到投资、进度的制约。想要保证工程的质量，就应该针对工程的特点，对质量进行严格控制，将质量控制贯穿工程建设的始终。

## 四、工程项目质量控制的任务

工程项目质量控制的任务指的是，根据国家现行的有关法规、技术标准和工程合同规定，对工程建设各个阶段的质量目标进行监督管理。工程建设的各个阶段的质量目标是不同的，因此要对各阶段的质量控制对象和任务一一进行确定。

### （一）工程项目决策阶段质量控制的任务

在工程项目决策阶段，对工程质量的控制，主要是对可行性研究报告进行审核，报告必须符合下列条件才可以最终被确认执行。

（1）符合国民经济发展的长远规划、国家经济建设的方针政策。

（2）符合工程项目建议书或业主的要求。

（3）具有可靠的基础资料和数据。

（4）符合技术、经济方面的规范标准和定额等指标。

（5）其内容、深度和计算指标要达到标准要求。

### （二）工程项目设计阶段质量控制的任务

在工程项目的设计阶段，对工程质量的控制，主要是对与设计相关的各种资料和文件进行审核。

（1）审查设计基础资料的正确性和完整性。

（2）编制设计招标文件，组织设计方案竞赛。

（3）审查设计方案的先进性和合理性，确定最佳设计方案。

（4）督促设计单位完善质量保证体系，建立内部专业交底及专业会签制度。

（5）进行设计质量跟踪检查，控制设计图纸的质量。

在初步设计和技术设计阶段，主要对生产工艺及设备的选择、总平面的布置、建筑与设施的布置、采用的设计标准和主要技术参数等方面进行审查。在施工图设计阶段，主要审查的内容有：计算数据是否正确，选用的材料和做法是否合理，标注的各部分设计标高和尺寸是否有错误，各专业设计之间是否有矛盾，等等。

### （三）工程项目施工阶段质量控制的任务

对工程施工阶段进行质量控制是整个工程质量控制的中心环节。根据工程质量形成时间的不同，可以将施工阶段的质量控制分为质量的事前控制、事中控制和事后控制三个阶段。其中，重点控制阶段是事前控制阶段。

1. 事前控制

（1）审查技术资质。对承包商和分包商的技术资质进行审查。

（2）完善工程质量体系。对工程的质量体系，包括计量及质量检测技术等进行完善，并且还要考核承包商的实验室资质。

（3）完善现场工程质量管理制度。要敦促承包商对现场工程质量管理制度不断进行完善，包括现场质量检验制度、现场会议制度、质量统计报表制度和质量事故报告及处理制度等。

（4）争取更多的支持。积极争取当地质监站的配合和帮助。

（5）审核设计图纸。审核建设组织的设计交底和图纸，对工程的重要部位下达相应的质量标准要求。

（6）审核施工组织设计。对承包商提交的施工组织设计进行审核，确保建造工程技术的可靠性。审核工程中采用的新结构、新材料、新技术、新工艺的技术鉴定书。对工程建设中使用到的机械、设备等进行全面的技术性能考核。

（7）审核原材料和配件。对工程建设中所使用的原材料和配件的质量，要严密把关。

（8）对那些永久性的生产设备或装置，要按照已经经过审批的设计图纸采购，在到货之后要进行检查验收。

（9）检查施工场地。对于施工的场地也要进行检查验收，检查包括的内容有施工场地的测量标桩、建筑物的定位放线，以及高程、水准点。重要工程项目要进行复核，将现场的障碍物及时清除。

（10）严把开工。工程建设正式开始之前，所有准备工作已做完，并且全部合格之后，才可以下达开工的命令。对于中途停工的工程，如果没有得到上级的开工命令，就不能复工。

2. 事中控制

（1）完善工序控制措施。工程质量最终是在多重不同的工序中产生的，因此一定要注重对工序的控制，以保证工程质量。找出影响工序质量的所有因素，并将其控制在可以把握的范围之内，建立质量管理点，对承包商提交的各种质量统计分析资料和质量控制图表及时进行审查。

（2）严格检查工序交接。在工程建设的过程中，每一个建设阶段只有在验收合格之后，才能开始进行下一个阶段的建设。

（3）注重试验或复核。对于工程的重点部分或是专业工程，要注意进行再次试验或技术复核，确保工程质量。

（4）审查质量事故处理方案。在工程建设的过程中，如果发生了意外事故，要及时做出事故处理方案，在处理结束之后还要对处理效果进行检查。

（5）注意检查验收。对已经完成的分部工程，要严格按照相关的质量标准进行检查验收。

（6）审核设计变更和图纸修改。在工程建设过程中，如果设计图纸出现了问题，要及时进行修改，并对修改过后的图纸再次进行审核。

（7）行使否决权。在对工程质量进行审核的过程中，可以按照合同的相关规定行使质量监督权和质量否决权。

（8）组织质量现场会议。组织定期或不定期的质量现场会议，及时分析、通报工程质量状况。

3. 事后控制

（1）对承包商所提供的质量检验报告及有关技术性文件进行审核。

（2）对承包商提交的竣工图进行审核。

（3）组织联动试测。

（4）根据质量评定标准和办法，对完工的工程进行检查验收。

（5）组织项目竣工总验收。

（6）收集与工程质量相关的资料和文件，并归档。

### （四）工程项目保修阶段质量控制的任务

（1）审核承包商的工程保修书。

（2）检查、鉴定工程质量状况和工程使用情况。

（3）确定工程质量缺陷的责任者。

（4）督促承包商修复缺陷。

（5）在保修期结束后，检查工程保修状况，移交保修资料。

# 第二节　水利工程施工项目质量管理体系研究

## 一、质量管理体系概述

### （一）质量管理原则

1. 全员参与原则

员工是企业得以存在和实现运营的根本，因此只有全员参与质量管理的过程，才能为企业带来更多的效益。企业应激励全体员工树立强烈的工作责任心和事业心，共同实现组织的战略方针和目标。

2. 以顾客为关注焦点原则

组织想要实现持续性的经营，就必须有一批顾客的支持。因此，组织应该以顾客的需求为出发点，生产出满足顾客需求的产品，提高顾客的满意度。将顾客作为关注的焦点对企业的发展具有重要的意义，主要表现在：①可以使组织更加准确地把握顾客的需求；②生产出的产品可以直接与顾客的需求相联系，实现组织的目标；③可以提高顾客对组织的忠诚度；④有助于组织抓住市场机遇，对市场的变化迅速做出反应，吸引更多的顾客，提高企业经济收益。

3. 坚持领导作用原则

领导要在组织中建立起统一的发展和指导方针，创造出良好的内部环境，以保证员工可以为企业目标的实现做出巨大的努力。如果一个组织领导想要做到最好，在本行业中占领一席之地，就必须为企业的发展制定一个明确的发展方向，激励员工提高工作效率，对组织内部的所有活动进行有效协调。在企业管理者的科学领导和积极参与下，建立起一个高效的管理体系，有利于企业未来的发展。

4. 过程管理原则

过程管理指的是，通过对工作过程实行PDCA（P代表计划，D代表执行，C代表检查，A代表处理）循环管理，使过程要素得到持续改进，从而满足顾客的需求。

5. 管理的系统化原则

对组织实行系统化的管理，需要经过三个环节，即系统分析、系统工程和系统管理。通过对数据、事实进行分析、设计、实施的整个过程进行管理，从而达到组织的质量目标。

6. 基于事实决策原则

组织的有效决策建立在数据和详细分析的基础上。企业在事实的基础上进行决策，可以降低决策失误的概率。使用统计技术，可以测量、分析和说明产品和过程的变异性；通过对质量信息和资料的科学分析，可以确保信息和资料的准确性；通过以往的经验及对事实的分析，可以做出有效的决策进而采取相应的行动。组织遵守基于事实决策原则，可以验证以往决策的正确性，并且还可以对组织内部的意见或决策做出较为客观的评价，从而发扬民主决策的作风，使决策符合实际。

7. 改进项目原则

组织遵守改进项目原则，可以提高组织对改进机会的反应速度，提高企业的竞争力。还可以通过制订战略规划，将多方面的改进意见都集中起来，提高企业业务计划的竞争力。

8. 保持互利关系原则

组织与供方之间是相互依存、互利互惠的关系，可以提高双方创造价值的能力。供方所提供的产品会对组织为顾客提供的产品产生直接影响，因此要正确处理二者之间的关系，维持双方的利益。组织对供方不能只是一味地进行控制，还要注意进行友好合作，尤其是对组织有重要影响的供方，就更要维持好长期互惠互利的关系，这对双方企业的发展都具有重要的作用。

### （二）质量管理体系的意义

1. 有利于提高工程质量，降低建筑成本

对影响工程质量的因素进行有效控制，从而减少工程建设中出现的错误，提高工程的质量。即使工程中出现了缺陷，也可以在质量体系的引导下及时发现错误并解决。因此，质量管理体系可以保证工程的质量，减少材料的损耗，降低建筑成本。

2. 有利于保护消费者的利益

消费者是工程的最终使用者，因此工程质量的好坏会直接关系到消费者利益的得失，甚至影响用户的人身安全。随着现代科学技术的迅速发展，工程建设中所蕴含的科技手段也越来越多，人们仅仅靠经验对工程的质量做出正确的评判，基本上已经不可能了。

## 二、质量管理体系的建立与运行

### （一）质量管理体系的组织策划与总体设计

企业的管理者为了达到既定的质量目标，满足质量管理体系的总体要求，需要对质量管理体系进行策划和总体设计。通过对质量管理体系的策划，可以确定应该采用哪种方法来建立质量管理体系。需要注意的是，质量管理体系的策划和总体设计一定要从实际出发，这样才可以保证其合理性。

### （二）质量管理体系文件的编制

企业应在满足标准要求、确保控制质量、提高自身全面管理水平的情况下，建立一套高效、简单、实用的质量管理体系文件。质量管理体系文件是由四部分组成的，其具体内容如下。

1. 质量手册

质量手册是组织进行质量管理工作的依据，是组织中的质量法规性文件。质量手册直接表明了组织所制定的质量方针，阐述了质量管理体系的文件结构，可以反映出企业整体的质量管理体系，可以对各部门之间的协调起到总体规划的作用。其作用主要表现为组织内部和外部两个方面：对于组织内部来说，质量手册具有确立各项质量活动及其指导方针和原则的作用，所有的质量活动都要依据质量手册进行；对于组织外部来说，其证实了质量管理体系的存在，同时又向顾客介绍了质量管理体系的具体内容和执行标准。

（1）质量手册的构成

质量手册包含多方面的内容，主要有质量管理范围、术语和定义、引用标准、管理职责、质量管理体系、产品实现、资源管理、测量、分析和改进等。质量手册的内容并不是固定不变的，企业可以根据自身的需要来对质量手册的内容进行更改。

（2）质量手册的编制要求

质量手册的编制需要遵循三个要求：第一，质量手册应该对质量管理体系覆盖的过程和条款都有明确的说明，并且对每个过程和条款的内容、开展的控制活动、每个活动需要控制的程度、能提供的质量保证等，都进行详细的描述；第二，对于质量管理所提出的各项要求，质量手册应该在质量管理体系程序和作业文件中有所体现；第三，由于质量手册是一种对外性的文件，没有严格的保密要求，在编写的过程中要遵守适度原则，在不涉及质量控制细节的前提下，尽量让外部对质量管理体系的全貌有一个认知。

2. 质量管理体系程序

质量管理体系程序是质量管理体系的重要组成部分，是质量手册具体展开的有力支撑。质量管理体系程序文件的范围和详略程度主要取决于多种不同的因素，如组织的规模、产品类型、过程的复杂程度，以及人员素质等。程序文件与一般的具体工作程序不同，它是对质量管理体系过程和方法所涉及的质量活动进行的具体阐述。

3. 质量计划

质量计划指的是对于特定的项目、产品、过程或合同，规定由谁及何时使用哪种文件。

质量计划可以看作一种工具，其将某产品、项目或合同的特定要求与现行的通用质量管理体系程序紧密相连。质量计划在顾客特定要求和原有质量管理体系之间起到了桥梁的作用，从而提高了质量管理体系适应环境的能力。组织通过制订质量计划，可以有效保证顾客特殊要求的实现。

4. 质量记录

质量记录是阐明所取得的结果或记录所完成活动的证据文件，可以客观反映出产品的质量水平和企业质量管理体系中各项质量活动的结果。质量记录应该按实记录，以此证明产品符合合同及其他文件的质量要求。如果产品的质量出现了问题，那么质量记录中应该记录针对出现的问题企业所采取的具体措施。

### （三）质量管理体系的运行

质量管理体系的运行指的是在建立质量管理体系文件的基础上，开展质量管理工作，对文件中所涉及的内容实施的过程。

要想切实保证质量管理体系的顺利运行，需要注意以下两点。

（1）应该从思想上树立认真对待的观念。思想认识是看待问题、处理问题的出发点，由于人们看待问题的思想观念不同，处理问题所使用的方法和得到的结果也各不相同。因此，在质量管理体系建立与运行的过程中，应该提前进行培训和宣传，在员工之间达成共识。

（2）管理考核到位。所有的工作职责和管理内容都要严格按照质量管理体系执行，同时要做好监督和考核工作。定期开展纠正与预防活动，充分发挥内审的作用，以保证质量管理体系的有效运行。内审指的是，由经过培训并取得内审资格的人员对质量管理体系的符合性及有效性进行验证的过程。通过内审发现的问题，要及时制定相应的解决措施，并且还要制定纠正及预防措施，对质量持续进行改进。

## 第三节　水利工程施工项目质量管理的统计与分析

对工程项目进行质量控制的一个重要方法是利用质量数据进行统计分析。通过收集和整理质量数据，进行统计分析比较，可以找出生产过程的质量规律，从而对工程产品的质量状况进行判断，找出工程中存在的问题和问题产生的原因，然后再有针对性地找出解决问题的具体措施，从而有效解决工程中出现的质量问题，保证工程质量符合要求。

### 一、工程质量数据

质量数据是用以描述工程质量特征性能的数据。它是进行质量控制的基础，如果没有相关的质量数据，那么科学的现代化质量控制就不会实现。

#### （一）质量数据的收集

质量数据的收集，总的要求是随机抽样，即整批数据中每一个数据被抽到的机会相同。常用的方法有随机法、系统抽样法、二次抽样法和分层抽样法。

### （二）质量数据的特征

为了进行统计分析和运用特征数据对质量进行控制，经常要使用许多统计特征数据。

统计特征数据主要有均值、中位数、极值、极差、标准偏差、变异系数。其中，均值、中位数表示数据集中的位置，极差、标准偏差、变异系数表示数据的波动情况，即分散程度。

### （三）质量数据的分类

根据不同的分类标准，可以将质量数据分为不同的种类。

按质量数据的特点，可以将其分为计数值数据和计量值数据；按其收集目的，可分为控制性数据和验收性数据。

1. 按质量数据的特点分类

（1）计数值数据。计数值数据是不连续的离散型数据，如不合格品数、不合格的构件数等。这些反映质量状况的数据是不能用量测器具来度量的，采用计数的办法，只能出现 0、1、2 等非负整数。

（2）计量值数据。计量值数据是可连续取值的连续型数据，如长度、重量、面积、标高等质量特征。一般可以用量测工具或仪器等量测，基本都带有小数。

2. 按质量数据收集的目的分类

（1）控制性数据。控制性数据一般以工序作为研究对象，是为分析、预测施工过程是否处于稳定状态而定期随机抽样检验获得的质量数据。

（2）验收性数据。验收性数据是以工程的最终实体内容为研究对象，为分析、判断其质量是否达到技术标准或用户的要求，而通过随机抽样检验获取的质量数据。

### （四）质量数据的波动

在工程施工过程中，常可看到在设备、原材料、工艺及操作人员相同的条件下，生产的同一种产品质量不同，反映在质量数据上，即具有波动性，其影响因素有偶然性和系统性两大类。

1. 偶然性因素造成的质量数据波动

偶然性因素造成的质量数据波动属于正常波动，偶然因素是无法或难以控制的因素，所造成的质量数据的波动量不大，没有倾向性，作用是随机的。工程质量只有偶然因素影响时，生产处于稳定状态。

2. 系统性因素造成的质量数据波动

由系统性因素造成的质量数据波动属于异常波动，系统性因素是可控制、易消除的因素，这类因素不经常发生，但具有明显的倾向性，对工程质量的影响较大。

质量控制的目的就是要找出出现异常波动的原因，即系统性因素是什么，并加以排除，使质量只受偶然性因素的影响。

## 二、质量控制的统计方法

通过对质量数据的收集、整理和统计分析，找出质量的变化规律和存在的质量问题，提出进一步的改进措施，这种运用数学工具进行质量控制的方法是所有涉及质量管理的人员必须掌握的，它可以使质量控制工作定量化和规范化。在质量控制中常用的数学工具及方法主要有以下五种。

### （一）排列图法

排列图法又叫作帕累托图法、主次分析图法，是分析影响质量主要问题的有效方法，将众多的因素进行排列，主要因素就会令人一目了然。

排列图法由一个横坐标、两个纵坐标、几个长方形和一条曲线组成。左侧的纵坐标是频数或件数，右侧的纵坐标是累计频率，横轴则是项目或因素，按项目频数大小顺序在横轴上自左而右画长方形，其高度为频数，再根据右侧的纵坐标画出累计频率曲线，该曲线又叫作帕累托曲线。

### （二）直方图法

直方图法又叫作频率分布直方图法，它将产品质量频率的分布状态用直方图来表示，根据直方图的分布形状和与公差界限的距离来观察探索质量分布规律，分析和判断整个生产过程是否正常。

利用直方图可以制定质量标准、确定公差范围、判明质量分布情况是否符合标准要求。

### （三）相关图法

产品质量与影响质量的因素之间具有一定的联系，但不一定是严格的函数关系，这种关系叫作相关关系，可利用直角坐标系将两个变量之间的关系表达出来。相关图的形式有正相关、负相关、非线性相关和无相关。此外，还有调查表法、分层法等。

### （四）因果分析图法

因果分析图也叫鱼刺图、树枝图，是一种逐步深入研究和讨论质量问题的图示方法。

在工程建设过程中，任何一种质量问题的产生，一般都是由多种原因造成的，这些原因有大有小，把这些原因按照大小顺序分别用主干、大枝、中枝、小枝来表示，这样就可一目了然地观察出导致质量问题的原因，并以此为据，制定相应对策。

### （五）管理图法

管理图也可以叫作控制图，是反映生产过程随时间变化而变化的质量动态，即反映生产过程中各个阶段质量波动状态的图形。管理图利用上下控制界限，将产品质量特性控制在正常波动范围内，如果工程质量出现问题，就可以通过管理图发现，进而及时制定措施进行处理。

## 第四节　水利工程施工项目质量管理的评定与验收

工程质量评定是依据国家或有关部门统一制定的现行标准和方法，对照具体施工项目的质量结果，确定其质量等级的过程。

建设工程质量验收是对已完工的工程实体的外观质量及内在质量按规定程序检查后，确认其是否符合设计及各项验收标准的要求的过程，是判断工程是否可交付使用的一个重要环节。工程单位应严格按照国家相关行政管理部门对各类工程项目的质量验收标准制定规范的要求，正确地进行工程项目质量的检查评定和验收。

## 一、水利工程施工项目质量管理的评定

### （一）质量评定的依据

水利工程施工项目质量管理评定的依据主要有以下四个方面。

（1）国家与水利水电部门有关行业规程、规范和技术标准。

（2）工程合同采用的技术标准。

（3）经批准的设计文件、施工图纸、设计修改通知、厂家提供的设备安装说明书及有关技术文件。

（4）工程试运行期间的试验及观测分析成果。

### （二）质量评定的标准

1. 单元工程质量评定标准

单元工程质量等级要按照相关评定标准进行。当单元工程质量达不到合格标准时，必须及时处理，其质量等级需要按照如下标准进行确定。

（1）全部返工重做的，可重新评定等级。

（2）经加固补强并经过鉴定能达到设计要求的，其质量只能评定为合格。

（3）经鉴定达不到设计要求，但建设（监理）单位认为能基本满足安全和使用功能要求的，可不补强加固。在经过补强加固之后，改变外形尺寸或造成永久缺陷的，建设（监理）单位认为能基本满足设计要求，其质量可以按照合格进行处理。

2. 分部工程质量评定标准

分部工程质量合格的条件主要有两个。

（1）单元工程质量全部合格。

（2）中间产品质量及原材料质量全部合格，金属结构及启闭机制造质量合格，机电产品质量合格。

分部工程质量优良的条件主要有两个。

（1）单元工程质量全部合格，其中有 50 % 以上达到优良，主要单元工程、重要隐蔽工程及关键部位的单元工程质量优良，且未发生过质量事故。

（2）中间产品质量全部合格，其中混凝土拌和物质量达到优良，原材料质量、金属结构及启闭机制造质量合格，机电产品质量合格。

3. 单位工程质量评定标准

单位工程质量合格的条件有以下四个方面。

（1）分部工程质量全部合格。

（2）中间产品质量及原材料质量全部合格，金属结构及启闭机制造质量合格，机电产品质量合格。

（3）外观质量得分率超过 70 %。

（4）施工质量检验资料基本齐全。

单位工程质量优良的条件有以下四个方面。

（1）分部工程质量全部合格，其中有 80 % 以上达到优良，主要分部工程质量优良，且未发生过重大质量事故。

（2）中间产品质量全部合格，其中混凝土拌和物质量达到优良，原材料质量、金属结构及启闭机制造质量合格，机电产品质量合格。

（3）外观质量得分率超过 85 %。

（4）施工质量检验资料齐全。

4. 工程质量评定标准

单位工程质量如果全部合格，工程质量就可以评定为合格。如果其中 50 % 以上的单位工程都是优良，并且主要的建筑物单位工程质量也是优良，整个工程质量就可以评定为优良。

## （三）质量评定的意义

工程质量评定是依据国家或有关部门统一制定的现行标准和方法，对照具体施工项目的质量结果，确定其质量等级的过程。

工程质量评定以单元工程质量评定为基础，其评定的先后次序是单元工程、分部工程和单位工程。

工程质量的评定在施工单位（承包商）自评的基础上，由建设（监理）单位复核，报政府质量监督机构核定。

## 二、水利工程施工项目质量管理的验收

### （一）质量验收概述

工程验收是在工程质量评定的基础上，依据一个既定的验收标准，采取一定的手段来检验工程产品的特性是否满足验收标准的过程。水利水电工程验收分为分部工程验收、阶段验收、单位工程验收和竣工验收。按照验收的性质，可分为投入使用验收和完工验收。

1. 工程验收的依据

工程验收的依据包括有关法律、规章和技术标准，主管部门有关文件，批准的设计文件及相应设计变更、修设文件，施工合同，监理签发的施工图纸和说明，设备技术说明书，等等。

当工程具备验收条件时，应及时组织验收。未经验收或验收不合格的工程不得交付使用或进行后续工程施工。验收工作应相互衔接，不应重复进行。

2. 工程验收的目的

工程验收的目的有：①检查工程是否按照批准的设计进行建设；②检查已完工工程在设计、施工、设备制造安装等方面的质量，并对验收遗留问题提出处理要求；③检查工程是否具备运行或进行下一阶段建设的条件；④总结工程建设中的经验教训，并对工程做出评价；⑤及时移交工程，尽早发挥投资效益。

3. 质量评定意见

工程进行验收时必须有质量评定意见。阶段验收和单位工程验收应有水利水电工程质量监督单位的工程质量评价意见；竣工验收必须有水利水电工

程质量监督单位的工程质量评定报告，竣工验收委员会在其基础上鉴定工程质量等级。

### （二）质量验收的事项

1. 分部工程验收

（1）分部工程验收条件：在进行分部工程验收时，需要具备一定的条件，即该分部工程的所有单元工程已经完成建设且质量全部合格。

（2）分部工程验收的工作：鉴定工程是否达到设计标准；按现行国家或行业技术标准，评定工程质量等级；对验收遗留问题提出处理意见。分部工程验收的图纸、资料和成果是竣工验收资料的组成部分。

2. 阶段验收

（1）阶段验收的条件：根据工程建设需要，当工程建设到达一定关键阶段时，如基础处理完毕、截流、水库蓄水、机组启动、输水工程通水等，应进行阶段验收。

（2）阶段验收的工作：检查已完工程的质量和形象面貌；检查在建工程建设情况；检查待建工程的计划安排和主要技术措施落实情况，以及是否具备施工条件；检查拟投入使用工程是否具备运用条件；对验收遗留问题提出处理要求。

3. 完工验收

（1）完工验收的条件：完工验收应具备的条件是所有分部工程已经完建并验收合格。

（2）完工验收的工作：检查工程是否按批准设计完成；对工程质量评定质量等级，对工程缺陷提出处理要求；对验收遗留问题提出处理要求；按照合同规定，施工单位向项目法人移交工程。

4. 竣工验收

工程在投入使用前必须通过竣工验收。竣工验收应在全部工程完成建设后三个月内进行。进行验收确有困难的，经工程验收主持单位同意，可以适当延长期限。

（1）竣工验收的条件：工程已按批准设计规定的内容全部建成；各单位工程能正常运行；历次验收所发现的问题已基本处理完毕；归档资料符合工程档案资料管理的有关规定；工程建设征地补偿及移民安置等问题已基本处理完毕，工程主要建筑物安全保护范围内的迁建和工程管理土地征用已经完成；工程投资已经全部到位；竣工决算已经完成并通过竣工审计。

（2）竣工验收的工作：审查项目法人“工程建设管理工作报告”，初步验收工作组“初步验收工作报告”；检查工程建设和运行情况；协调处理有关问题；讨论并通过“竣工验收鉴定书”。

# 参考文献


[1] 史庆军，唐强，冯思远．水利工程施工技术与管理 [M]．北京：现代出版社，2019.

[2] 高喜永，段玉洁，于勉．水利工程施工技术与管理 [M]．长春：吉林科学技术出版社，2019.

[3] 丁长春，冯新军，赵华林. 水利工程与施工管理 [M]. 长春: 吉林科学技术出版社，2020.

[4] 李楠，王福霞，李红卫. 水利工程施工技术与管理实践 [M]. 北京：现代出版社，2020.

[5] 苗兴皓，高峰．水利工程施工技术 [M]．北京：中国环境出版社，2017.

[6] 王海雷，王力，李忠才．水利工程管理与施工技术 [M]．北京：九州出版社，2018.

[7] 张磊，由金玉．土石坝设计与施工 [M]．郑州：黄河水利出版社，2014.

[8] 赵明献，鲁杨明，梁羽飞．水利水电工程施工项目管理 [M]．南昌：江西科学技术出版社，2018.

[9] 赵永前．水利工程施工：质量控制与安全管理 [M]．郑州：黄河水利出版社，2020.